AF369476

OBJET
D'INTÉRÊT PUBLIC,

RECOMMANDÉ

A L'ATTENTION DU GOUVERNEMENT

ET

DE TOUS LES AMIS DE L'AGRICULTURE;

Par J. A. Victor YVART,

Ancien cultivateur, professeur d'économie rurale à l'École royale d'Alfort, membre de l'Institut royal de France dans l'Académie des Sciences, de l'Académie italienne des Sciences, Lettres et Arts, de la Société royale et centrale d'Agriculture, et de plusieurs autres Sociétés, françaises ou étrangeres.

Le vrai peut quelquefois n'être pas vraisemblable.

BOILEAU.

A PARIS,

De l'Imprimerie et dans la Librairie de Madame Huzard
(née Vallat la Chapelle),
rue de l'Éperon-Saint-André-des-Arts, N°. 7.

1816.

Extrait des Annales de l'Agriculture fran‐
çaise, *tome LXV*.

PRÉFACE.

L'objet important sur lequel nous désirons attirer l'attention de ceux qui s'intéressent à la prospérité agricole, est un des plus redoutables ennemis des récoltes de *céréales;* c'est un fléau connu, dès la plus haute antiquité, sous diverses dénominations, et que les cultivateurs français désignent ordinairement sous le nom trivial de *rouille*.

Cette calamité publique, qui excite aujourd'hui notre sollicitude, est une maladie, quelquefois terrible, laquelle attaque souvent, avec une prodigieuse rapidité, les plantes les plus précieuses pour notre subsistance. Ces plantes deviennent fréquemment sa proie, au milieu même de leur plus forte végétation, et elle en anéantit, trop souvent aussi, les produits les plus utiles, les grains.

Les livres sacrés en font mention comme d'une chose désastreuse : ce qui peut aider encore les personnes qui ne la connoissent qu'imparfaitement, à en mesurer la force et l'étendue, c'est que les Romains, qui avoient appris, par une funeste expérience, à la redouter pour leurs récoltes, et qui la distinguoient sous le nom de *rubigo*, avoient cherché à en préserver leurs champs, en instituant un culte solennel en honneur d'une divinité tutélaire du même nom, que le sage Numa leur avoit appris à révérer, dans des fêtes observées religieusement, chaque année, au mois de mai, c'est-à-dire vers l'époque la plus ordinaire de l'invasion du mal.

Un grand nombre d'exemples récens nous attestent, aussi, que ce puissant destructeur des moissons n'est pas moins redoutable pour nous, et qu'il l'est peut-être plus encore, qu'il ne l'étoit pour les anciens. Ces exemples imposent à ceux qui se consacrent au perfectionnement de l'économie rurale, l'obligation de rechercher tous les moyens de prévenir un accident aussi fâcheux, ou d'en diminuer au moins les pernicieux effets ; et c'est à ce titre que nous offrons aujourd'hui notre tribut de zèle et d'efforts pour y parvenir.

Ce mal consiste dans une espèce de *moisissure*, d'abord peu perceptible, et de couleur grisâtre, qui se manifeste le plus souvent au printemps, sur les feuilles, sur les tiges, et même sur les épis des *céréales*, qui s'y développe insensiblement, en prenant la couleur de *rouille*, d'où lui vient son nom vulgaire, et qui finit par se changer en noir, lorsque les plantes qu'elle attaque sont prêtes à périr.

On a assigné, depuis long-temps, comme nous le verrons, un très-grand nombre de causes à cette invasion malfaisante, et nous pensons qu'on ne peut se dispenser de reconnoître aujourd'hui, comme une des plus actives, quelque invraisemblable qu'elle ait pu paroître d'abord, l'influence exercée sur les *céréales* par le voisinage de l'arbrisseau connu vulgairement sous le nom d'*épine-vinette*.

Frappés de la réalité de cette influence, par plusieurs faits positifs, nous crûmes devoir essayer de la démontrer, l'année dernière, dans un mémoire que nous soumîmes aux lumières de l'Académie à laquelle nous avons l'honneur d'appartenir. La lecture de ce mémoire nous parut laisser encore quelques doutes sur l'existence du mal, ou plutôt sur sa véritable cause, et nous les attribuâmes, comme nous le devions, à cette sage circonspection, qui met heureusement en garde les hommes les plus instruits contre les apparences séduisantes, sous lesquelles l'erreur s'est si souvent introduite dans l'esprit des personnes trop crédules. Ces doutes prudens devinrent pour nous de puissans motifs pour entreprendre de nouvelles expériences et de nouvelles recherches sur cet objet, et nous nous y sommes livrés avec tout le zèle et le soin que l'importance et la difficulté de la question nous paroissoient mériter.

D'une part, nous nous sommes procuré la communication de deux mémoires précieux, relatifs à notre objet, et qui l'éclairent d'un nouveau jour ; de l'autre, nous avons eu l'avantage d'obtenir de la Société royale et centrale d'Agriculture, à laquelle nous avions également communiqué notre travail, un rapport qui constate les résultats obtenus de la portion la plus importante de nos nouveaux essais ; et enfin nous avons recueilli, soit de la lecture de divers ouvrages étrangers, soit de plusieurs autres informations précieuses, une masse de faits concluans, qui nous paroissent mettre, aujourd'hui, dans la plus grande évidence, la réalité de l'influence que nous avions d'abord annoncée. Ces faits nous ont aussi prouvé que plusieurs savans recommandables s'étoient occupés du même objet et qu'ils l'avoient traité avec autant de sagacité que d'utilité pour l'agriculture.

Nous nous sommes déterminés à faire insérer, dans les *Annales de l'Agriculture française*, la totalité des renseignemens obtenus, à notre connoissance, sur cet objet, sur différens points, jusqu'à ce jour; et afin de leur donner encore plus de publicité, nous avons fait tirer à part, sans y rien changer, quelques exemplaires de l'opuscule qui les renferme. C'est ce recueil que nous avons l'honneur de soumettre aujourd'hui, avec confiance, aux méditations des amis de l'agriculture.

Nous terminerons cette préface en avertissant nos lecteurs, que nous avons été amenés naturellement, d'abord, à entreprendre nos recherches, et encouragés constamment, depuis, à les continuer, par la réflexion que si l'influence nuisible, attribuée sur un très-grand nombre de points à l'épine-vinette, n'étoit pas réellement fondée, comme plusieurs personnes le pensoient, il étoit bien important de le constater par des faits certains, afin de prévenir le renouvellement très-fâcheux, des enquêtes, poursuites, ordonnances, jugemens, amendes, arrêtés, et même des voies de fait, auxquels la supposition de sa réalité avoit, comme on le verra, donné lieu, soit en France, soit à l'étranger, à diverses époques ; tandis que si la réalité de cette influence pernicieuse pouvoit au contraire être démontrée, comme nous présumons l'avoir fait, il devenoit également bien important de la faire connoître par-tout, afin qu'on pût s'en garantir par tous les moyens possibles ; de sorte que, quel que pût être le résultat de nos efforts pour découvrir la vérité sur ce point douteux d'économie rurale, nous ne pouvions, dans tous les cas, que faire, en nous en occupant avec zèle et impartialité, une chose utile pour l'agriculture, aux progrès de laquelle nos diverses vocations nous ont voués, depuis long-temps.

EXAMEN

*De l'influence qu'exerce, sur la fructifi-
cation du froment, l'arbrisseau connu
sous le nom de vinettier commun, ou
épine-vinette* (berberis vulgaris) ;

Mémoire lu à l'Académie des Sciences de l'Institut royal de
France, dans sa séance du 4 septembre 1815,

Par M. V. Yvart, *l'un de ses membres.*

LORSQU'UNE opinion populaire est très-répandue, lorsqu'on la retrouve, sur plusieurs points
de l'Europe, fortement accréditée auprès des
cultivateurs, quelque peu fondée qu'elle puisse
paroître, au lieu de la ranger, sans examen,
parmi ces erreurs, toujours fâcheuses et trop
souvent funestes, qui tyrannisent la classe du
peuple la plus nombreuse et la moins éclairée,
et qui règnent plus despotiquement encore dans
les campagnes que dans les villes, il convient
de la soumettre à l'expérience, seul juge souverain en pareille matière. On doit en agir ainsi,
selon nous, afin de s'éclairer sur le degré de
confiance qu'elle peut mériter, afin de pouvoir

la combattre avec d'autres armes que celles du raisonnement, lorsqu'elle est erronée, et afin d'essayer de la tirer de la liste nombreuse des préjugés avec lesquels elle se trouve confondue, lorsqu'on reconnoît qu'elle doit son origine à des faits positifs, et qu'elle n'est pas, comme on l'a cru, le résultat de suppositions gratuites.

Tels sont les motifs qui nous ont portés à essayer de découvrir, par des recherches exactes et par des expériences directes, si l'on doit regarder comme réelle ou supposée l'influence nuisible que l'épine-vinette est accusée d'exercer sur la fructification du froment, soit en y occasionnant l'accident désigné fréquemment sous le nom de *coulure*, soit en lui donnant la maladie connue généralement sous celui de *carie*, soit enfin en l'infectant de celle qu'on appelle vulgairement *nielle* ou *rouille*.

Nous observerons d'abord qu'on reproche cette influence à l'épine-vinette, non-seulement sur plusieurs points de la France, mais aussi en Angleterre, en Allemagne et en Italie, comme nous nous en sommes assurés sur les lieux mêmes (1).

______

(1) Nous avons été informés, depuis la lecture de ce mémoire, qu'on avoit également cette opinion en Suisse et en Amérique, comme nous le verrons plus loin.

Avant de faire connoître à la Classe le résultat des recherches que nous avons faites et des expériences que nous avons cru devoir tenter à cet égard, nous pensons qu'il est nécessaire de lui tracer rapidement ici l'historique de l'opinion que nous venons la prier de vouloir bien discuter et éclaircir avec nous, et qui nous paroît digne de fixer un instant son attention.

Nos recherches n'ont pu nous faire découvrir l'époque de l'introduction en Europe de l'opinion que nous examinons, laquelle concerne un arbrisseau épineux indigène, qui a été recommandé depuis long-temps par les agronomes comme étant très - propre aux clôtures champêtres, qui s'introduit souvent spontanément dans les haies de nos terrains meubles et frais, et qui présente quelques singularités assez remarquables, par l'irritabilité et la contraction de ses étamines, par l'odeur forte et nauséabonde de sa poussière séminale, par la couleur d'un beau jaune de son bois propre à la teinture, et par le goût acidule, très-agréable, de ses fruits et de ses feuilles, dû à la présence des acides citrique et malique.

Nous ne trouvons aucune trace de cette opinion dans les Géoponiques grecs ni latins; *Théophraste* et *Pline* n'en font pas mention, et ne paroissent pas même avoir connu l'épine-vinette. Nous n'en trouvons aucune, non plus, chez les premiers auteurs agronomiques de notre nation et des nations environnantes. *Olivier de Serres* n'en parle pas, quoiqu'il paroisse avoir connu cet arbrisseau. *Duhamel* n'en dit rien dans sa *Physique des arbres*, ni dans ses *Élémens d'agriculture*. Nous avons la preuve certaine que cette opinion existoit en France, lorsque *Rozier* composoit son *Cours d'agriculture*; et cependant, soit qu'il ait oublié d'en parler, soit qu'il l'ait regardée comme un préjugé peu important, il n'en fait aucune mention à l'article *Epine-vinette*.

Nous en découvrons les premières traces écrites, consignées dans le N°. 15 de la *Feuille du Cultivateur*, du 17 ventôse de l'an III, dans une lettre de M. *Boucher d'Argis*, adressée à MM. *Parmentier*, *Dubois* et *Lefebvre*, rédacteurs de cette feuille; et cette lettre y est indiquée sous ce titre : *De la prétendue influence de l'épine-vinette sur les plantes qui se trouvent dans son voisinage.*

Nous croyons devoir la transcrire ici, ainsi que la réponse des rédacteurs, comme pièces essentielles au procès que nous informons.

« Il existe dans l'agriculture des traditions consacrées par une routine aveugle, qui repoussent constamment la théorie et l'expérience; mais il existe aussi des opinions généralement adoptées, et, pour ainsi dire, sanctionnées par l'assentiment des hommes de tous les pays et de tous les siècles.

». Dans laquelle de ces deux classes doit-on ranger l'influence maligne attribuée à l'épine-vinette dans son voisinage? Si j'en crois quelques cultivateurs, elle a la malheureuse propriété de faire avorter les moissons, même à une assez grande distance; et dès qu'il paroît dans un champ quelque rejeton de cette plante prétendue vénéneuse, on s'empresse de l'arracher.

» On m'assure qu'il a été rendu plainte contre des propriétaires incrédules ou négligens qui s'obstinoient à la conserver, et que des jugemens solennels en ont ordonné la destruction.

» J'ai bien de la peine à croire qu'il n'y ait pas un peu d'exagération dans cette animosité contre l'épine-vinette; mais, d'un autre côté, je me défie de ma prévention en faveur de cet arbuste, dont le feuillage épais, les fleurs odorantes et les fruits en grappes, font l'agrément de mon jardin.

» En un mot, je répugne à croire mon ami coupable; mais si vous le jugez tel, je n'hésiterai point de le sacrifier au bien public : *Amicus Plato, magis amica veritas*. BOUCHER D'ARGIS. »

Réponse des rédacteurs.

« Nous n'ignorions pas l'existence du préjugé dont parle le citoyen *Boucher d'Argis* contre l'épine-vinette. Il est vraisemblable que, comme la plupart de tous les autres préjugés répandus dans les campagnes, il n'a aucune base solide. Ce qui nous porte particulièrement à le croire, c'est qu'il n'existe pas, en effet, dans tous les pays où croît l'épine-vinette ; car, sans prétendre donner aux préjugés plus d'importance qu'ils ne méritent, nous sommes convaincus qu'il est important de les examiner avec soin et d'en chercher les causes, lorsqu'ils se sont généralement propagés.

» Quoi qu'il en soit, la question de M. *Boucher d'Argis* fut faite au nom et par les commissaires de la Société d'agriculture, au département de la Côte-d'Or, qui avoit lui-même demandé à la Société si la fauchaison des prés nuit aux blés voisins, lorsque ces blés sont en fleur ou en lait. Les commissaires chargés de répondre saisirent cette occasion pour demander s'il étoit vrai que la fleur de l'épine-vinette, lorsqu'elle concourt avec celle des blés, fît couler cette dernière et empêchât la fécondation, comme on le croyoit en quelques provinces, particulièrement dans la ci-devant Normandie.

» L'Assemblée du département répondit en ces termes : Personne ici n'a jamais remarqué que la fleur de l'épine-vinette nuisît aux blés ; et, sans doute, si nos cultivateurs consultoient les Normands sur l'influence que la fauchaison peut avoir sur la maturation des blés, ils trouveroient nos idées à cet égard aussi étranges que les leurs nous paroissent extraordinaires sur l'épine-vinette, trop peu commune, au surplus, dans nos campagnes, pour qu'on puisse y asseoir une observation.

» La contrée de ce département où l'épine-vinette croît en plus grande abondance, est celle des environs de Chanceaux ; et là, on ne connoît aucune propriété nuisible à cet arbrisseau ; on fait, au contraire, d'excellentes confitures de son fruit, et les blés y réussissent aussi bien qu'ailleurs. Au reste, quelque absurde que paroisse un préjugé, il est bon de ne pas négliger de l'approfondir, et de réunir toutes les circonstances qui ont pu l'accréditer et toutes les observations qui tendent à le détruire. »

On verra, par les détails dans lesquels nous allons entrer, que c'est précisément ce que nous avons cherché à faire.

Ainsi donc s'exprimoient, en 1795, les personnes le plus en état, par leur position et par leurs lumières, d'éclairer nos cultivateurs sur l'objet qui nous occupe en ce moment. Ajoutons à ces témoignages ceux de deux autres personnes dont les lumières nous sont bien connues à tous.

L'année suivante, il parut, dans l'Encyclopédie méthodique, un article de notre confrère *Tessier* sur l'épine-vinette, ainsi conçu :

« On attribue, dans quelques pays, à cet arbrisseau, deux accidens qui surviennent aux blés ; savoir, la *coulure* et la *carié*.

» Il seroit difficile de convaincre du contraire les gens de la campagne imbus de ce préjugé ; c'est aux hommes sensés qui vivent aux champs, à chercher ce qui a pu le faire naître. Sans doute une erreur accréditée a une cause ; le grand art est de la découvrir, parce que l'on peut alors espérer plutôt de la détruire. Si le hasard m'avoit porté dans un pays abondant en épine-vinette, j'aurois, plusieurs années de suite, essayé de semer des grains aux environs de cet arbuste, et appelé des cultivateurs pour juger de l'état de ces semis.

» A un homme raisonnable il suffit de dire que les blés coulent ou sont cariés, à des distances très éloignées des bois où il y a de l'épine-vinette, et qu'auprès de ces bois même les blés ne coulent point toujours, et ne sont pas toujours cariés.

» La seule expérience positive que j'aie faite,

non pour m'éclaircir un doute, mais pour l'instruction de quelques cultivateurs, c'est d'avoir
semé dans un jardin du blé à 24 pouces au plus
d'un pied d'épine-vinette. Le blé n'a point été
altéré ; mais ce n'est qu'un fait, et j'aurois voulu
pouvoir répéter l'expérience.

» On ne voit nul rapport entre la floraison de
l'épine-vinette et la fécondation du blé. Quand
l'arbuste et la plante fleuriroient ensemble, la
poussière de l'épine-vinette n'empêcheroit pas
l'action de pollen du blé sur l'organe femelle. Il
est revêtu d'une double bale, très-forte et très-
adhérente, qui ne s'écarte que quand la fécondation est faite ; au reste, l'épine-vinette fleurit
au mois de mai, époque où les blés sont loin de
leur floraison.

» Accuseroit-on cet arbre de retenir sur ses feuilles
des gouttes de pluie ou de rosée, que le soleil
convertit ensuite en brouillard, dont l'effet est
regardé comme dangereux pour les blés ? Mais,
beaucoup d'arbres sont dans le même cas. Faut-il
pour cela les détruire ? Il seroit donc nécessaire
de ne point semer de blé auprès des bois et des
forêts. Au reste, ces brouillards produiroient la
rouille et tout au plus la coulure de quelques épis,
mais jamais la carie. »

On voit par ces détails, qui caractérisent l'agronome instruit et de bonne foi, que notre confrère *Tessier,* après avoir reconnu que l'épine-vinette ne pouvoit produire la *carie,* ni même une *coulure* considérable, finit par soupçonner qu'elle pourroit bien donner lieu à *la rouille ;* et il regrette d'ailleurs de n'avoir pu répéter sa première expérience sur cette plante.

Nous voyons d'un autre côté, quelques années après, notre confrère *Bosc,* en traitant le même article dans la nouvelle édition du *Cours complet d'agriculture,* après avoir remarqué que les étamines de l'épine-vinette sont si irritables, qu'il suffit de toucher leur filet avec une épingle pour les faire replier contre le pistil, ajouter, qu'*on croit dans les campagnes qu'elles sont la cause de la coulure et de la carie des blés, et qu'il n'est pas nécessaire de chercher à prouver l'absurdité de cette opinion.*

Nous verrons plus loin que l'opinion de nos deux confrères nous paroît fondée sur ce point, et qu'il s'agit ici d'un tout autre objet qui nous a paru aussi mériter d'être approfondi. Poursuivons nos recherches.

Dans les tournées que nous crûmes devoir entreprendre dans nos départemens et à l'étranger, pour notre instruction, et pour continuer nos recherches sur l'état de l'agriculture

et sur les moyens de l'améliorer, nous recueil-
lîmes plusieurs faits qui fortifioient de plus en
plus les soupçons que nous avions conçus, depuis quelque temps, de l'influence nuisible de
l'épine - vinette sur les graminées, en voyant
l'herbe d'une de nos prairies, basse, à la vérité,
entièrement rouillée dans le voisinage d'un pied
de cet arbrisseau, placé dans une haie qui entouroit cette prairie, tandis que l'herbe étoit
beaucoup plus verte et plus vigoureuse dans le
reste de la prairie.

Ces indications nous déterminèrent, en octobre 1802, à transplanter, au milieu d'un clos
de 5 arpens environ, ensemencé en froment, sur
notre exploitation rurale, un fort pied d'épine-
vinette, enlevé avec précaution, dans le dessein
d'observer son influence sur la végétation de cette
céréale.

Un débordement de la Seine, survenu à la
fin de décembre, et qui couvrit ce champ d'expérience, pendant treize jours, ayant considérablement fatigué le blé et fait périr le pied d'épine-
vinette, ainsi qu'un grand nombre d'autres
plantes que nous y avions réunies, nous ne pûmes
alors nous satisfaire sur l'objet principal que nous
avions en vue, et nous projetions un nouvel essai
à cet égard, lorsqu'en 1803 nous eûmes connois-

sance de nouveaux faits qui avoient un rapport direct avec le sujet en question.

A cette époque, nous vîmes paroître la traduction d'un ouvrage anglais sur l'*Agriculture pratique des différentes parties de l'Angleterre, par Marshal*, qui, moins connu en France qu'*Arthur Young*, nous paroît cependant avoir observé avec beaucoup moins de rapidité, de légèreté et de partialité que celui-ci, les objets importans des voyages qui font la matière de ses écrits.

Nous trouvâmes dans le premier volume de cet excellent *Traité d'agriculture pratique*, la note suivante sur l'épine-vinette.

« On a long-temps regardé comme une des erreurs populaires parmi les cultivateurs, que la plante de l'épine-vinette a une qualité pernicieuse, on diroit presque un pouvoir mystérieux de corrompre le blé qui croît dans son voisinage.

» Cette idée, erronée ou fondée en fait, n'est nulle part plus fortement enracinée que parmi les fermiers du Norfolck. En entendant un citer très-sérieusement un exemple de cet effet, je ne pus m'empêcher de lui rire au nez ; lui, sans se fâcher, n'en soutint pas moins son opinion, ajoutant que, loin d'avoir jugé de l'effet par la cause, il fut conduit à la cause par l'effet ; car, ayant aperçu une bande de blé fané au travers de son enclos, il la suivit jusqu'à la haie, croyant y trouver l'ennemi. Trompé dans son attente, il traverse la rue, et voit dans un jardin un gros buisson d'épine-vinette dans la direction qui lui étoit indiquée. Le mal, suivant lui, partant de ce point, s'étendoit au travers de son champ de froment, s'élargissant et s'affoiblissant comme la queue d'une comète, à mesure que le mal s'éloignoit de son origine. L'effet s'étendoit à une plus grande distance qu'il ne l'avoit jamais observé; ce qui venoit, suivant lui, d'une ouverture dans un verger derrière lui au sud-ouest, qui formoit comme un canal qui dirigeoit le vent.

» Ce détail étoit circonstancié, et tellement exact quant à la situation, que je crus devoir examiner la chose. Je lui demandai comment il pensoit que cet effet s'opéroit. L'épine-vinette et le blé fleurissent en même temps, me dit-il, et lorsque le vent emporte la poussière de l'épine-vinette sur le blé en fleur, cela l'empoisonne et lui donne la nielle.

» J'avoue que cette explication mit un frein à mon incrédulité; car si la poussière que produisent les végétaux en fleur, portée au loin par le vent, peut fertiliser les individus de la même espèce, et si certaines plantes sont salutaires et d'autres mortelles aux espèces animales, pourquoi la poussière de quelques végétaux ne pourroit-elle pas empoisonner et détruire la fructibilité des êtres du même genre sur lesquels elle est transportée au loin par le vent? Cependant, ce ne pouvoit être cette cause; car j'ai eu occasion d'observer depuis, que le blé ne monte en épis que plusieurs semaines après que la fleur de l'épine-vinette est passée.

» Désirant m'assurer du fait, quel qu'il fût, j'ai interrogé d'autres fermiers des plus intelligens, sur ce sujet. Leur opinion fut la même, quant au fait. Cette opinion est très-anciennement enracinée dans leur esprit, et d'ailleurs il est difficile aujourd'hui de l'appuyer par des observations, les plantes d'épine-vinette ayant été extirpées de toutes les haies dans ces derniers temps. Cependant, on m'a raconté, cette année, un exemple de cet effet, et moi-même j'ai été témoin d'un autre. M. *Guillaume Barnard*, de Bradfield, m'a dit que voyant, cette année, une partie de froment attaquée de la nielle dans un champ à lui, il chercha dans la haie s'il n'y restoit pas quelque épine-vinette; et en effet il y découvrit l'ennemi, quoiqu'il fût caché dans un endroit très-épais. Ainsi, il n'a aucun doute sur le fait. M. *Guillaume Gibbs,* de Rowton, me disant qu'une petite partie de son froment étoit également attaquée de la nielle , ce qu'il attribuoit à quelques pousses d'épine-vinette qui auroient resté dans la haie , , qui en avoit été purgée cependant il y a quelques années, j'allai sur le lieu pour examiner la chose par moi-même ; et ce que je puis assurer, c'est qu'en effet nous découvrîmes tout auprès trois petites plantes d'épine - vinette , une desquelles étoit chargée de fruits. La paille du blé est noire , et les grains , si l'on peut employer ce mot , ne sont que des gousses vides , tandis que le reste de la pièce est d'une qualité supérieure. Ces circonstances ont une grande force ; mais elles ne font pas encore une preuve.

» Pour m'assurer, par un fait, de la solidité de cette opinion, j'ai fait planter en février ou mars dernier, un petit buisson d'épine-vinette au milieu d'une grande pièce de froment.

» J'avois négligé de l'observer jusque peu de temps avant la moisson , qu'un voisin , M. *Jean Baker*, de South-Reep , vint me dire l'effet qu'il avoit produit. Le froment changeoit, et le reste de la pièce, d'environ 20 acres, avoit acquis un grand degré de blancheur (c'est du froment blanc), tandis qu'autour du buisson d'épine-vinette , on voyoit une longue bande un peu ovale, d'une couleur sombre et livide, qui pouvoit être aperçue des gens qui passoient sur la route à une assez grande distance. La partie affectée ressembloit à la queue d'une comète, le buisson en formant le noyau ; d'un côté, l'effet s'étendoit à 12 verges, de l'autre à deux seulement ; la queue étoit dirigée vers le sud-ouest, en sorte que, selon toute apparence, l'effet a été propagé par un vent du nord-est.

» Au temps de la récolte, les épis étoient perpendiculaires au sol, doux au toucher, et presque tout en paille ; les grains grêles, ridés et très-légers. A mesure que la distance du buisson augmentoit, l'effet étoit moins sensible jusqu'à ce qu'il disparût imperceptiblement. En général, cette récolte a produit des grains peu nourris ; cependant dix de ces grains, pris au hasard, emportent dans la balance vingt-quatre des grains malades pris également au hasard : de manière qu'en supposant la récolte en général valoir 5 livres (100 francs environ) l'âcre, la partie endommagée par l'épine-vinette vaudroit à peine 40 schellings (40 francs) ; la qualité, ainsi que la quantité, étant très-inférieures à l'autre. Pour essayer si la faculté végétative de ces grains avoit été détruite ou non par le tort que leur partie farineuse avoit éprouvé, je semai, vendredi 4 septembre, trois grains pesans, et autant de légers, dans un pot de jardin. Jeudi 19 septembre, un des grains légers leva ; mais aucun autre ne parut jusqu'au jeudi 26, qu'un des grains pesans leva également ; le mardi 2 octobre, un autre grain pesant parut encore.

» Aujourd'hui, j'ai vidé la terre du pot. J'ai trouvé l'autre grain pesant et un léger germés tous deux.

» Il est prouvé par-là que, malgré le tort fait à la partie farineuse de ces grains, leur vertu végétative n'étoit pas totalement détruite. »

Ici se termine la note de *Marshal,* qui nous parut d'autant plus intéressante, qu'elle nous sembloit confirmer les soupçons que nous avions, comme lui, cherché à vérifier. Ayant eu occasion de voir en Angleterre cet agriculteur, peu de temps après avoir lu sa note, nous lui en demandâmes la confirmation, après lui avoir communiqué nos recherches et nos tentatives à ce sujet : il nous la donna, en nous invitant à nous assurer, par une nouvelle expérience, de l'exactitude des résultats qu'il avoit obtenus.

Divers voyages que nous avions projetés alors, et quelques autres circonstances qu'il est inutile de rapporter ici, ne nous permirent de faire cette seconde expérience qu'en 1810.

Nous semâmes, en conséquence, le 3 octobre

de cette année, un quart de boisseau environ
de froment commun, chaulé avec la plus grande
précaution, tout autour d'un pied très-vigoureux
d'épine-vinette, placé, depuis plusieurs années,
dans un jardin, à l'est d'une de ces buttes, ou
tertres, qu'on décore ordinairement du nom de
montagnes, dans les jardins paysagistes, appelés
anglais.

Nous nous proposions bien d'observer exactement tous les progrès et les accidens qui pourroient arriver à la végétation de ce grain ; mais
ayant été envoyés en mission en Italie, quelque
temps après l'ensemencement, nous nous vîmes
forcés de charger quelqu'un de nous remplacer,
pour les observations que nous regrettions de ne
pouvoir faire nous-mêmes. Nous devons l'avouer,
cette personne, prévenue contre le résultat que
nous attendions, ne mit pas à ses observations
tout le zèle que nous en espérions ; et c'est ainsi
que souvent en agriculture, comme dans les
autres arts et dans les sciences, une fâcheuse
prévention nuit à la découverte de la vérité. Nous
pûmes cependant tirer de cet essai l'intime
conviction que le voisinage de l'épine-vinette
n'avoit occasionné ni la *carie*, ni la *coulure*
du froment ; car toutes les tiges que nous visitâmes scrupuleusement à notre retour, étoient

bien évidemment exemptes de ces deux accidens.

Nous trouvâmes aussi, à la vérité, tous les grains, quoique sains et bien formés, petits, retraits, et comme arrêtés au milieu de leur développement, ainsi que la paille rouillée : nous étions très-disposés à attribuer ces effets à l'influence de l'épine-vinette, et cela suffisoit pour notre instruction : cependant, la personne à laquelle nous avions confié le soin d'observer pour nous, prétendant que le voisinage du pignon très-élevé d'une grange qui se trouvoit très-rapprochée de la butte, ayant réfléchi les rayons solaires sur cette butte, avoit occasionné tout le mal, en desséchant la terre et en arrêtant ainsi la végétation, nous doutâmes un instant à laquelle des deux causes les effets que nous avions bien constatés devoient être attribués; et nous penchâmes vers la première, parce que nous reconnûmes que la terre avoit encore conservé assez d'humidité pour suffire au besoin des plantes. Mais nous ne pûmes convaincre cette fois notre adversaire, ni les cultivateurs nos voisins, de l'influence nuisible de l'épine-vinette sur le froment; et nous n'osions, en quelque sorte, avouer notre opinion à cet égard, lorsque nous lûmes le passage suivant dans le second volume des *Principes raisonnés d'agriculture de Thaër*, l'un

des premiers économes de l'Allemagne , volume
dont la traduction parut en 1812 : « *des expériences incontestables ont démontré l'influence
fâcheuse de l'épine-vinette sur les céréales.* »

Nous regrettâmes sincèrement que cet auteur
n'indiquât, dans son ouvrage, aucune de ces expériences, qu'il nous paroissoit bien utile de faire
connoître avec tous les détails propres à produire
la conviction ; et nous conservions toujours le désir
de tenter un nouvel essai à cet égard , lorsque le
fait suivant vint nous en imposer en quelque sorte
l'obligation.

Nous fumes consultés., vers la fin de l'automne
dernier, par M. *Prousteau de Mont-Louis*,
propriétaire rural dans la commune de Villeroi,
entre Claies et Meaux, pour savoir si nous
connoissions quelque moyen de parer à l'inconvé-
nient qui résultoit du voisinage de l'épine-vinette
pour les grains, et s'il existoit quelque loi qui
pût autoriser ce propriétaire à contraindre un
de ses voisins à faire arracher des pieds de cet
arbrisseau , lesquels faisoient tous les ans un tort
considérable à des champs de blé qui lui ap-
partenoient et qu'ils avoisinoient.

Lui ayant répondu que nous n'avions connoissance d'aucune mesure législative ou administra-
tive qui eût rapport à cet objet, et lui ayant fait

part de ce que nous savions sur l'influence de l'épine-vinette , et sur le moyen qui nous paroissoit le plus convenable pour s'en garantir, nous l'invitâmes à nous donner quelques renseignemens circonstanciés sur le fait dont il se plaignoit, ne pouvant aller le constater sur le lieu même, parce que la récolte étoit faite depuis long-temps.

Il nous dit alors que son fermier se plaignoit, depuis plusieurs années, que ses blés étoient rouillés et produisoient de la paille et du grain de peu de valeur, ce qui lui devenoit très-préjudiciable; et que ce fermier ne pouvoit s'empêcher d'attribuer cet effet a plusieurs pieds d'épine-vinette qui avoisinoient ses champs, parce qu'il étoit bien informé qu'un pareil effet avoit déjà été remarqué dans la commune de Tribardoux, voisine de celle de Villeroi, sur une terre appartenante à M. *Lenoir*, ancien lieutenant de police; ajoutant que cet effet avoit cessé, dès que ce magistrat eut fait arracher les pieds d'épine-vinette qui y donnoient lieu. Ce cultivateur observoit encore que, dans la commune de Fresnes, toujours près de Villeroi, M. *d'Aguesseau* avoit également fait cesser le même effet, dont se plaignoient aussi ses fermiers, en faisant arracher, de même, l'épine-vinette qui occasionnoit leurs plaintes.

Des circonstances aussi remarquables et aussi positives, en nous rappelant nos premiers essais et tous nos renseignemens antérieurs, nous portèrent naturellement à chercher à les confirmer par un nouvel essai qui fût bien décisif.

Nous fîmes arracher en conséquence, l'hiver dernier, sur un champ de notre ancienne exploitation, situé près de l'École d'économie rurale et vétérinaire d'Alfort, du plant de froment très-vigoureux, qui y avoit été semé en automne, sur une terre bien préparée. Nous le transplantâmes soigneusement dans un clos de ladite École, sur une terre sablonneuse et découverte, bien fumée et bien labourée, autour d'une touffe d'épine-vinette de 4 pieds de haut sur 2 pieds de diamètre environ, qui existoit dans le même endroit depuis plusieurs années; et nous plaçâmes tout le plant dans une circonférence qui s'étendoit jusqu'à 3 pieds au moins de l'arbrisseau, en commençant près de sa base. Nous observâmes scrupuleusement tous les progrès et les accidens de la végétation, dont nous crûmes devoir rendre témoins nos élèves et plusieurs autres personnes; et nous transcrivons ici l'extrait des notes qu'ils eurent, ainsi que nous, occasion de prendre sur cet objet, à plusieurs reprises.

Tous les pieds de froment, transplantés à

6 pouces de distance environ l'un de l'autre, ne tardèrent pas à reprendre ; ils devinrent bientôt très-vigoureux, et les feuilles prirent beaucoup d'ampleur et une teinte verte très-foncée, signes certains de leur état de prospérité. La terre s'étant couverte, au commencement du printemps, d'herbes nuisibles, sur quelques points, un sarclage et un serfouissage rigoureux eurent lieu le 10 avril. Le 20 du même mois, l'épine-vinette commença à fleurir, et la floraison dura jusqu'au 5 mai suivant ; les fruits parurent alors en petite quantité. Le froment n'avoit à cette époque que 10 pouces de haut presque par-tout ; il avoit commencé depuis quelque temps à former son tuyau, et il étoit toujours très-vigoureux. Le 30 mai, il commença à épier, et les premières fleurs parurent le 6 juin. La floraison dura treize jours environ, pendant lesquels des pluies abondantes étant survenues, elles nous firent craindre que la poussière séminale, se trouvant entraînée ou noyée par la surabondance d'eau, il n'en résultât l'accident connu sous le nom de *coulure*, c'est-à-dire défaut de fécondation, ce qui eût pu nous embarrasser ; mais il nous fut facile, vers la fin de juin, de reconnoître, au tact seul, et mieux encore à l'inspection des embryons, déjà très-développés, que, fort heureusement, nos craintes

n'étoient pas fondées ; et nous vîmes avec sa-
tisfaction que non - seulement il n'y avoit pas
de coulure apparente, mais qu'en outre aucun
grain n'étoit attaqué de cette moisissure noire,
grasse et fétide qu'on nomme *carie*, sur laquelle nous espérons avoir sous peu occasion
d'attirer l'attention de la classe. La sécheresse
avoit paru, pendant quelque temps, altérer la
végétation du froment, sur-tout au midi de
l'épine-vinette ; mais une pluie survenue à propos
avoit ranimé promptement la langueur passagère
qui s'étoit fait remarquer, et, dans les derniers
jours de juin, toutes les tiges étoient fortes et
vigoureuses ; elles avoient généralement 4 pieds
de haut ; les feuilles étoient encore très-vertes,
larges et entières, et tous les épis étoient sains et
avoient 3 à 4 pouces de long.

La végétation ne conserva pas long-temps cet
état de prospérité. Quelques jours après, la rouille
s'étoit déjà manifestée sur plusieurs feuilles, et,
en moins de huit jours, la majeure partie des tiges
et des feuilles en étoit couverte, sur-tout au sud-
ouest. Nous remarquâmes alors que la végétation
s'étoit presque entièrement et subitement arrêtée ;
que les épis conservoient une direction perpen-
diculaire, ou peu inclinée, ce qui nous annonçoit
la légèreté du grain dont le poids les fait toujours

pencher, lorsqu'il est bien nourri ; et nous reconnûmes, en effet, que ce grain, quoique déjà en grande partie desséché, étoit petit, retrait, ridé, d'une couleur pâle, et qu'il contenoit peu de farine, enveloppée par beaucoup de son. Nous trouvâmes même quelques épis, bas et dans le centre, qui nous parurent non fécondés ; et d'autres, dont les grains étoient à peine perceptibles.

Nous nous déterminâmes cependant à laisser ce froment sur pied jusqu'à la fin de juillet, et nous remarquâmes qu'il se couvroit de plus en plus de rouille et qu'aucun oiseau n'y touchoit, tandis qu'ils ravageoient toutes les céréales et autres graines des plantes que nous avions en expérience, à peu de distance dans le même clos, et dont nous parlerons plus loin.

Nous pesâmes comparativement le grain provenant de cet essai, que nous mettons sous les yeux de la classe, avec celui qui avoit été récolté sur la pièce d'où nous avions tiré le plant, et que nous mettons également sous ses yeux ; et nous trouvâmes que 63 grains résultans de l'essai équivaloient à peine, en poids, à 24 autres grains provenans du champ qui avoit fourni le plant, ce qui établit une différence du double en sus en faveur des derniers ; mais la différence est

bien plus considérable sous le rapport plus important encore de la substance farineuse, la seule qui
soit réellement nourrissante, et dont la quantité,
dans le premier cas, se trouve réduite à fort peu
de chose.

Nous semâmes, aussi, comparativement, sur
une terre meuble et fraîche, trente grains de
chaque sorte, pris au hasard, et tous levèrent
fort bien, du dixième au seizième jour, avec
cette différence, cependant, que les grains du froment rouillé levèrent généralement plus tôt que
les autres ; ce que nous attribuons à ce qu'étant
moins volumineux, ils étoient plus promptement
pénétrés par l'humidité nécessaire à leur germi-
nation ; mais ils fournirent, comme nous devions
nous y attendre, des plantes beaucoup plus foibles
que celles provenant des grains qui avoient acquis
toute leur maturité.

Il nous reste maintenant à faire observer que
nous avions en expériences, dans le même clos,
indépendamment d'un grand nombre de plantes
économiques, tirées de diverses familles, et particulièrement de celles des légumineuses et des
crucifères, plus de cent cinquante espèces et
variétés de graminées vivaces et annuelles, qui
se trouvoient éloignées, pour la plupart, de notre
touffe d'épine-vinette, depuis 45 jusqu'à 90 pieds

environ. Nous devons déclarer que nous avons bien remarqué un peu de rouille sur la plupart de ces graminées ; mais, outre qu'elle pouvoit provenir d'une autre cause que de l'influence de cet arbrisseau (comme nous aurons occasion de l'examiner ailleurs), cette rouille ne nous a pas paru nuire, d'une manière sensible, au moins, au perfectionnement de leurs grains, que nous avons récoltés sains et bien nourris. Nous devons ajouter que ces plantes étoient séparées de l'épine-vinette par plusieurs rangées, distantes entre elles de 6 pieds, de mûrier à papier (*Broussonetia papyrifera*), de coronille emerus (*coronilla emerus*), de sumac fustet (*rhus cotinus*), de frêne à fleurs (*fraxinus ornus*), et de diverses espèces de clématite et de chèvrefeuille, ainsi que de quelques arbres fruitiers, qui interceptoient en quelque sorte la communication entre l'essai relatif à l'épine-vinette et les autres essais dont nous nous proposons d'entretenir la classe plus tard.

Voilà, ce nous semble, l'existence d'un fait, bien démontrée par tous les détails dans lesquels nous venons d'entrer, et nous ne pouvons guère douter, d'après ces détails, que le voisinage de l'épine - vinette ne devienne réellement très-nuisible à la fructification du froment, en s'opposant au moins au complément de sa maturité. Nous y ajouterons cependant encore, comme preuves surabondantes, deux renseignemens nouveaux que nous venons de recueillir à l'instant même.

Le premier consiste dans le passage suivant que nous lisons à l'article qui concerne les clôtures, dans le troisième volume qui vient de paroître de l'ouvrage de M. *Thaër*, dont nous avons déjà parlé. « On employoit fréquemment aux clôtures » l'épine-vinette, mais on y a absolument re- » noncé ; en effet, on s'est aperçu que cette » plante est très nuisible aux grains qui l'avoi- » sinent , et qu'elle exerce cette mauvaise in- » fluence jusqu'à une distance de cinquante pas. »

Nous regrettons toujours que l'auteur de cet article se soit encore borné à une assertion aussi positive qu'elle est peu circonstanciée, et qu'il nous ait privés du récit des faits qui l'ont sans doute autorisé à la publier; nous présumons que ceux qu'il laisse soupçonner ne sont autres que ceux de *Marshal,* que nous avons rapportés (1).

Le second renseignement que nous avons à

____

(1) Nous verrons plus loin que cette assertion étoit probablement fondée sur d'autres faits, recueillis en Allemagne, et que nous rapporterons.

faire connoître est bien plus satisfaisant, et nous paroît très-propre à convaincre les plus incrédules de l'influence que nous venons d'établir ; le voici :

En communiquant, il y a quelques jours, à M. *Prousteau de Mont-Louis*, et à M. *de Glandaz* fils aîné, son gendre, avocat à Paris, les résultats que nous avions obtenus, et que le premier avoit en quelque sorte provoqués, en nous consultant, ces deux propriétaires ruraux nous affirmèrent que les pieds d'épine-vinette dont se plaignoit depuis plusieurs années le fermier de Villeroi, ayant été arrachés l'hiver dernier, le froment que ce fermier venoit de récolter cette année, n'étoit pas infecté de rouille, comme celui des années précédentes, et qu'il ne doutoit nullement que cela ne fût dû à l'extirpation de l'épine-vinette dont il s'étoit plaint.

Mais si l'influence nuisible de cet arbrisseau nous paroît bien démontrée, l'étendue de cette influence, et sur-tout sa véritable cause, ne nous paroissent pas l'être encore, et peuvent donner lieu à de nouvelles recherches intéressantes.

Nous nous proposons de nous livrer, cette année même, à toutes celles qui peuvent concerner le premier objet, en cherchant à déterminer, d'une manière précise, l'étendue et les divers degrés d'intensité de cette influence, non-seulement sur le froment, mais sur toutes les autres céréales, sur lesquelles l'analogie et quelques faits nous portent à croire qu'elle s'exerce aussi ; et nous recommandons spécialement le second objet aux recherches des chimistes.

Nous en avons déjà conféré avec notre confrère M. *Gay-Lussac,* et nous avons aussi invité M. *Du-long,* notre confrère à l'Ecole d'Alfort, très-avantageusement connu de la classe, à vouloir bien nous aider de ses lumières à cet égard. Ce dernier nous a déclaré que, d'après les expériences auxquelles nous l'avions engagé à soumettre l'acide des feuilles de l'épine-vinette, il ne le croyoit pas volatil, et ne pensoit pas, comme nous l'avions supposé d'abord, qu'il pût agir par ses émanations sur le froment qui s'en trouvoit rapproché. D'un autre côté, dans l'intention de nous assurer si quelque insecte n'avoit pas attaqué les racines du froment que nous avions transplanté, ou si les racines de l'épine - vinette elle-même n'avoient pas pu lui devenir nuisibles, en traçant comme elles le font quelquefois, nous avons fait défoncer une partie du terrain consacré à notre expérience. Nous n'avons découvert aucun insecte ; toutes les racines du froment étoient saines et entières, comme il est facile de le voir par celles que nous mettons avec les tiges sous les yeux de la classe ; nous avons reconnu que les racines de la touffe d'épine - vinette s'étendoient fort peu au-delà de la base de cette touffe , et nous n'avons trouvé que quelques-unes des racines extrêmement profondes du liseron des champs (*convolvulus arvensis*), dont les tiges volubiles et grimpantes se trouvoient enlacées avec quelques-unes de celles du froment ; mais nous n'avons pu les regarder comme la cause réelle du mal, et nous sommes toujours enclins à penser que cette cause existe dans quelque propriété particulière de l'épine-vinette , qu'il nous paroît bien important de découvrir, ce que nous tâcherons de faire l'année prochaine.

Nous terminerons cette notice en faisant observer à la classe que le motif qui nous a portés à lui donner, dès à présent, quelques détails sur l'objet dont nous venons de d'entretenir, qui nous laisse encore des doutes à éclaircir et des recherches à faire, c'est l'espoir que nous avons conçu, que plusieurs de nos confrères, et peut-être aussi d'autres personnes également zélées pour les progrès de notre agriculture, s'empresseroient de nous seconder dans ces recherches, en faisant, ainsi que nous, de nouvelles expériences variées, dont les résultats rapprochés pourront dissiper tous les doutes, procurer probablement de nouvelles découvertes, et porter celle que nous venons de faire connoître, à toute la perfection dont elle est susceptible.

Note des Rédacteurs.

En attendant que notre confrère, M. *Yvart*, fasse connoître lui - même, d'une manière détaillée, tous les résultats que lui ont procurés les nouvelles recherches et expériences auxquelles il s'est livré cette année, et qu'il poursuit encore, sur l'influence de l'épine - vinette, nous croyons devoir insérer ici le rapport qui a été fait, à ce sujet, sur sa demande, à la Société royale d'agriculture de Paris, ainsi que deux mémoires inédits, fort intéressans, que M. *Yvart* a reçus, depuis la lecture du sien, de M. *Lair*, secrétaire de la Société d'agriculture et de commerce de Caen, et qu'il nous a remis, avec quelques autres observations qui les suivent immédiatement, et qui sont liées à de nouveaux faits observés en Allemagne, sur cet objet.

*RAPPORT fait à la Société royale d'agri-
culture de Paris, par MM.* Sageret,
Vilmorin *et* Bosc *, sur les résultats obtenus par M.* Yvart *, de ses nouvelles
expériences relatives à l'influence nuisible de l'épine-vinette sur les céréales.*

La commission, composée de MM. *Sageret,
Vilmorin* et moi, que vous avez nommée, d'a-
près l'invitation de notre confrère *Yvart,* pour
aller à Alfort, prendre connoissance de l'effet
de l'épine-vinette sur la végétation des céréales,
s'y est transportée le 26 juin 1816.

Arrivés dans le jardin de l'École vétérinaire,
notre confrère *Yvart* nous a conduits à un buisson
d'épine-vinette assez vigoureux, placé au milieu
d'une longue planche de seigle, d'environ un pied
et demi de largeur, flanquée à une distance égale
à cette largeur, de deux planches semblables,
l'une en froment et en avoine commune, l'autre
en orge à six rangs et en orge commune; la
direction de ces planches est nord est et sud ouest.
Là, nous nous sommes assurés que, comme notre
confrère l'avoit annoncé à la Société, les céréales,
dans le voisinage du buisson d'épine-vinette,
étoient d'autant plus chargées de rouille, qu'elles

4

en étoient plus proches. Le seigle, qui le touchoit des deux côtés, en étoit sur-tout infesté, à la distance d'environ 3 pieds du côté du nord, et à celle d'environ 5 pieds du côté du sud-ouest, de telle manière que, non-seulement les feuilles, mais encore les tiges, mais encore les épis, en offroient abondamment ; aussi n'y avoit-il pas un seul grain de formé dans la plupart de ces épis, comme la Société peut s'en convaincre par les échantillons qui sont sous ses yeux. Votre commission s'est assurée que si le froment, les orges et les avoines étoient moins affectés de rouille, c'est que leur végétation étoit plus retardée, et elle est restée convaincue que ces céréales arriveront bientôt au même degré d'altération, à proportion de leur rapprochement du pied d'épine-vinette.

Nous nous sommes ensuite transportés dans d'autres parties du même jardin, où les mêmes céréales et d'autres de différentes variétés avoient été semées plus ou moins en grand , et nous avons reconnu qu'elles offroient à peine des traces de rouille.

Il est donc certain , aux yeux de votre commission, que le voisinage de l'épine-vinette a influé, dans le cas dont il est question, sur la production de la rouille.

(43)

Comme la partie du seigle placée au nord du buisson d'épine-vinette étoit moins affectée de rouille, nous avons dû écarter, encore dans ce cas, l'idée de l'influence de l'ombre et de l'humidité, influence à laquelle on attribue généralement la production de la rouille. Les émanations directes ou indirectes de l'épine-vinette peuvent donc être supposées l'avoir produite. Nous ne discuterons cependant pas la question à laquelle ce résultat semble conduire, parce que, pour la résoudre, il faudroit des expériences nombreuses et de longue durée; en conséquence, nous terminerons par faire remarquer que le buisson d'épine-vinette, observé par nous, nous a offert un grand nombre de feuilles et de fruits chargés d'*œcidie* (*œcidium berberidis* Persoon) en pleine végétation; et la partie du seigle, placée sous le vent le plus ordinaire aux environs de Paris, celui du sud-ouest, étoit la moins affectée de rouille, probablement parce qu'un mur de 10 pieds de haut, placé près de l'épine-vinette, de ce côté, avoit modéré l'effet de ce vent, tandis que celui du nord-est, n'étant arrêté par aucun obstacle, avoit prolongé l'influence nuisible de cet arbrisseau du côté opposé.

Paris, 4 juillet 1816.

Signé Sageret, Vilmorin et Bosc, *rapporteur.*

4 *

MÉMOIRE

*Sur la rouille des blés, lu à la Société d'agri-
culture de Caen, le 20 mars 1806;*

Par M. DE MANGNEVILLE, *un de ses membres.*

ÉTUDIER la nature des différens sols, savoir
choisir les semences, bien préparer les engrais,
trouver enfin les moyens de multiplier les récoltes; telles sont, Messieurs, les connoissances
qui constituent essentiellement le bon agriculteur.

Mais il ne suffit pas d'apprendre à recueillir,
il faut encore savoir conserver. Souvent le labou-
reur qui fonde l'espoir de sa fortune sur l'apparence d'une abondante récolte, peut être tout-à-
coup réduit à la misère, si l'économie rurale
ne lui a pas appris à garantir ses grains des fléaux
qui les menacent sans cesse.

Parmi ceux qui ravagent les moissons, il en
est plusieurs qui ont été observés avec soin par
des cultivateurs célèbres. *Thul, Duhamel* et
Tillet, se sont livrés plus particulièrement à des
recherches sur la carie des blés.

Mais si la carie, par sa nature contagieuse

et par la mauvaise qualité qu'elle donne au pain, a dû être le premier but des recherches que l'on a faites sur les maladies des blés, la rouille, qui attaque aussi cette plante et même beaucoup d'autres, mérite également d'être étudiée.

Cette maladie, ignorée dans son origine, n'est connue que par les pertes qu'elle fait éprouver aux cultivateurs, qui, n'ayant aucun moyen de s'en garantir, ne peuvent espérer d'en être préservés qu'aux approches de la moisson.

La rouille se manifeste sur les blés, d'abord par de petits points d'un blanc sale, qui, s'étendant par degrés, prennent une teinte de couleur d'ocre qui finit par devenir noire; ordinairement elle décrit de petites lignes dans la direction de la fibre végétale qu'elle a éclatée. Les blés deviennent languissans lorsqu'ils éprouvent cet accident; la séve parvenant difficilement jusqu'aux épis, les grains avortent, ou n'acquièrent qu'un foible développement. Les pailles qui en proviennent sont une très-mauvaise nourriture pour les bestiaux, qui n'en mangent qu'avec répugnance, et elles leur occasionnent même quelquefois des maladies graves.

Cette maladie des grains est très-anciennement connue sous les noms de *rubigo*, *œrugo*, *rubigine*, *rouille*, etc. On la trouve citée dans les livres sacrés; *Virgile*, *Pline* et *Ovide* en font aussi mention.

C'est à tort que quelques auteurs ont traduit le mot *rubigo* par celui de *nielle*. *Virgile* s'explique trop clairement pour qu'on puisse confondre deux maladies aussi distinctes :

. . . . : *Ut mala culmos*
Esset rubigo. . . . . , ...
Géorg.

La rouille, comme il l'a dit, attaque la tige des blés, tandis que la nielle n'attaque que le grain.

Ovide vient encore à l'appui de cette observation, lorsqu'il fait allusion de la rouille des blés à celle des métaux :

Utilius gladios, et tela nocentia carpis.
Fast. lib. 4.

Les anciens connoissoient la rouille des blés et ses funestes effets. *Pline* (1) rapporte que, pour les prévenir, *Numa* institua le culte du dieu Rubigo, qui étoit l'intelligence qui présidoit à la rouille; ces fêtes s'appeloient *Rubigalia.*

____

(1) *Histoire naturelle*, Liv. 18.

Court de Gebelin (1) prétend qu'elles avoient été empruntées des anciens peuples d'Italie.

Chaque peuple et chaque siècle a eu ses opinions sur la cause de la rouille. *Pline* l'indiquoit dans l'influence des astres. Dès les premiers temps de Rome, on supposoit que l'humidité et la chaleur développoient cette maladie, comme il le paroît dans la prière que le prêtre *Flamine* adressoit au dieu Rubigo, et rapportée par *Ovide* :

Nec venti tantum cereri nocuere nec imbres,
Nec sic marmoreo pallet adusta gelu
Quantum, si culmos titan inflabit nudos.

Fast. lib. 4.

Je reviendrai sur cette dernière opinion, parce que je pense qu'effectivement la chaleur et l'humidité concourent beaucoup au développement de cette maladie.

Tillet (2) a soupçonné l'origine de la rouille dans des brouillards chargés de particules nitreuses et mordicantes qui, attaquant la tige et la feuille des blés, en brisent le tissu dans quelques endroits et occasionnent l'extravasion d'un suc

---

(1) *Histoire du calendrier*, pag. 386.

(2) *Dissertation sur la cause qui corrompt et noircit les grains*, Chap. 3.

gras et oléagineux, qui se dessèche peu-à-peu et se convertit en une poussière rouge et orangée.

Muschembroeck (1) attribue la rouille à certains sucs oléagineux chassés par la chaleur à la surface des plantes.

L'opinion de M. *Tessier* est que cette maladie provient d'une suppression de la transpiration dans les plantes, et que ce sont les blés les plus vigoureux qui en sont attaqués.

L'abbé *Rozier* croit en voir la cause dans la rosée fixée en petites gouttelettes sur les plantes au moment où le soleil darde ses rayons dessus avec force.

Je ne dois pas oublier de parler aussi du préjugé qui attribue à l'épine-vinette l'origine de la rouille ; préjugé très-enraciné parmi les cultivateurs de ce département, qui a ses prosélytes dans beaucoup d'autres, et qui s'étend même dans plusieurs parties de l'Angleterre ; préjugé qui, vers 1660, fit rendre par le parlement de Rouen un arrêt pour la destruction de cet arbrisseau.

Arthur Young a publié, dans ses *Annales d'Agriculture*, les réponses que lui firent un grand nombre de cultivateurs de différentes pro-

---

(1) *Essais de physique.*

vinces de l'Angleterre, aux questions qu'il leur avoit adressées relativement à la rouille, qui, en 1804, avoit fait beaucoup de dommages aux récoltes dans ce royaume. Il résulte de toutes ces réponses, qu'on y croit généralement que la chaleur, les lieux bas, les brouillards, les pluies et l'ombrage des haies, concourent avec d'autres circonstances, que chacun indique suivant ses préjugés, au développement de cette maladie.

J'ajouterai à toutes les opinions que je viens de citer, les observations que j'ai été à portée de faire sur les terres que je cultive à Lebisey, commune d'Hérouville, et où la rouille a détruit presque entièrement mes deux dernières récoltes, ainsi que celles de mes voisins.

En 1804, cette maladie s'est manifestée à la fin du mois de juin, à la suite de brouillards extrêmement humides, qui se prolongeoient tous les matins jusqu'à neuf heures. Le soleil paroissoit ensuite, et frappoit avec force sur les blés encore tout mouillés. En 1805 il n'y a point eu de brouillards à cette époque ; mais au commencement de juillet il y eut alternativement des ondées et des coups de soleil très-chauds. La rouille se manifesta alors, et en fut comme le résultat.

Il faut observer qu'à ces deux époques le vent souffloit nord, que j'avois dans mon jardin des épines-vinettes, et que les blés attaqués de la rouille étoient sous le vent de ces plantes. Cette remarque n'a point échappé aux cultivateurs qui, imbus de leurs préjugés, ont vu dans elles l'unique cause de la perte de leurs moissons. Mais ils n'ont point fait attention que plus haut, dans la même direction, il y avoit plusieurs néfliers attaqués de la rouille ; que les graminées qui étoient dessous, tel que le *lolium perenne,* en étoient couvertes, ainsi que toutes celles qui se trouvoient entre ces arbres et les blés rouillés ; un sillon de fèves fort long étoit aussi rouillé à la même époque et dans l'espace qui se trouvoit aussi sous l'influence de mes néfliers.

Vous voyez, Messieurs, que tout ce qu'on a écrit jusqu'à ce moment sur la rouille, est vague et souvent contradictoire. Ainsi l'agriculture n'a point acquis sur un fait aussi important, des connoissances plus certaines qu'elle n'en avoit dès les premiers temps de Rome.

Mais cet art a aussi besoin des lumières des autres sciences, et les découvertes que les botanistes ont faites depuis quelques années, viennent heureusement à notre secours sur l'objet qui nous occupe en ce moment.

Lambert, Persoon, Sowerly, Gmelin, De-candolle, ont reconnu que la rouille étoit une plante parasite de la famille des champignons, qu'ils ont nommée *uredo linearis, uredo lon-gissima, œcidium lineare.*

Ce point bien constaté par des hommes aussi justement célèbres, la propagation de la rouille peut s'expliquer ainsi : Des arbres qui, l'année précédente, étoient couverts de rouille, en ont conservé la graine dans les gerçures de la peau ou dans les écailles de léurs bourgeons ; les feuillés se développent, la rouille germe dessus, y fructifie ; le vent emporte alors cette nouvelle graine qui, passant sur des blés humides, s'y trouve fixée par les gouttes d'eau, et enfin s'y développe par la chaleur du soleil.

On conçoit que si les blés n'étoient point mouillés, leur écorce lisse ne pourroit point retenir facilement cette graine charriée par le vent. Ainsi, voilà pourquoi le concours de l'humidité et de la chaleur sont nécessaires au développement de la rouille.

D'après les principes que je viens de poser, il me sera facile de réfuter le préjugé qui existe contre l'épine-vinette ; car il faudroit, pour communiquer la rouille aux blés, qu'elle y fût sujette elle même, au lieu que je n'en ai jamais observé les plus légères traces sur ses feuilles, même dans les années où les blés qui en étoient voisins en étoient attaqués. D'ailleurs, ce préjugé n'existe pas généralement dans tous les pays où croît l'épine-vinette. L'opinion commune dans le département de la Côte-d'Or, où cette plante est abondante, est qu'elle ne fait aucun tort aux grains; mais comme il n'est peut-être pas de pays qui n'ait ses préjugés, on y a celui de croire que la récolte des foins, lorsqu'elle se fait à l'époque où les blés sont en fleur, nuit beaucoup à ces derniers en leur communiquant la rouille.

Il résulte de ce que je viens de dire :

1°. Que la rouille est très-anciennement connue;

2°. Que la cause qui la produit a été jusqu'ici ignorée des agriculteurs;

3°. Que ce n'est point une excrétion de la séve des plantes, mais une plante elle-même qui ne peut se reproduire que de graine;

4°. Que l'humidité et la chaleur du soleil favorisent la propagation de la rouille;

5°. Que la rouille n'attaquant pas une seule espèce de plante, beaucoup peuvent communiquer cette maladie au blé, lorsqu'elles en sont elles-mêmes infectées;

6°. Enfin, que l'épine-vinette ne peut avoir d'influence particulière.

Réponses lues à la séance suivante , sur quelques observations qui avoient été faites après la lecture du mémoire ci-dessus.

La grande distance qu'il peut y avoir entre les arbres et les blés attaqués de la rouille , ne peut être une objection bien fondée. Les graines des champignons et de toutes les autres plantes cryptogames sont pour la plupart si petites , qu'elles échappent à la loupe. Or, une poussière aussi fine et aussi légère peut être long-temps suspendue dans l'air. Presque tous les corps , quelque isolés qu'ils soient, se couvrent de plantes de cette famille , pourvu qu'ils soient en contact avec l'air ambiant, et que l'état de l'atmosphère soit favorable à leur développement. Les belles expériences de *Spallanzani* prouvent qu'il n'y a pas d'endroit où l'air ne puisse porter les graines des différentes espèces de moisissure. Cependant je ne crois pas que les germes de la rouille puissent flotter dans l'air aussi long-temps que celles-là ; du moins les veines de blé rouillé que j'ai observées , partoient toutes d'un point qui en étoit comme le foyer, et alloient en diminuant d'intensité se terminer à une distance de 600 toises au plus.

J'ignore si des champs de blé semés à une plus

grande distance de toute espèce d'arbres, pouvoient être attaqués de la rouille ; mais toutes les
observations que l'on a faites jusqu'ici, prouvent
qu'elle se manifeste plutôt dans le voisinage des
haies et des bois ou forêts, que par-tout ailleurs.
M. *Tessier* observe qu'en 1766 la rouille avoit
attaqué les fromens de la partie de la Beauce
qui avoisine la forêt d'Orléans (1).

Arthur Young dit que les blés en sont plus
souvent attaqués proche des haies.

Je ne crois point nécessaire, pour que la rouille
se manifeste, que les plantes soient dans un état
de langueur préalable, comme sur certains arbres
où on voit croître différens champignons lorsqu'ils
dépérissent. La chaleur du soleil, à la vérité, fait
souvent souffrir les blés, lorsqu'elle les frappe
étant humides ; mais lorsqu'ils éprouvent cet accident, ils deviennent échaudés, et on n'aperçoit
point pour cela aucune trace de rouille. M. *Tessier*
dit, au contraire, que ce sont toujours les blés les
plus vigoureux qui sont attaqués de la rouille.

Quant à l'épine-vinette, j'ajouterai à ce que j'ai
dit dans mon mémoire, que la rouille se manifeste
également là où il n'y a pas d'épine-vinette, comme
dans le Yorck-Shire. Il y a nécessairement une

____

(1) *Traité des maladies des grains,* pag. 205.

autre cause qui agit dans cette circonstance ; pourquoi donc n'agiroit-elle pas également par tout ailleurs ?

Je hasarderai une réflexion relative à l'épinevinette, non comme une chose réelle, mais simplement pour la signaler aux observateurs qui pourront la confirmer ou la réfuter, si elle présente quelque apparence de réalité.

Il croît abondamment sur les feuilles de l'épinevinette un petit champignon que l'on nomme *œcidium berberidis*. Ne seroit-il point possible que cet æcidium, transporté sur une graminée dont le tissu est absolument différent, y prît aussi une forme tellement différente, que l'on en ait fait un autre genre, sous le nom d'*uredo*. Cette métamorphose dans les plantes cryptogames qui ont une organisation extrêmement simple, ne me sembleroit point dénuée de toute impossibilité. Je me rappelle d'avoir lu un ouvrage dont l'auteur prétendoit avoir métamorphosé le *nostoc* en une autre *tremelle*, et en différentes espèces de *lichens*, suivant la matière sur laquelle il le transplantoit.

M. *Decandolle* remarque qu'il a trouvé sous le même *peridium* des globules de *puccinies* avec celles *d'uredo*. Il préfère croire que ces deux plantes ont végété ensemble, plutôt que de supposer que les caractères de ces différens genres ne sont que des modifications accidentelles.

J'ai remarqué dans mon parc, à Lebisey, que le blé étoit toujours rouillé proche une haie d'épine épuisée et mourante , par la quantité d'*œcidium oxiacanthœ* qui croissoit sur ses feuilles.

Voici une expérience que j'ai faite avec ces épines. J'en coupai une branche chargée d'œci-dium , au moment où ce champignon jetoit sa poussière. Je choisis au mois de juillet, vers le commencement , un jour où le soleil étoit très-ardent ; j'arrosai à midi du blé et des fèves , et je secouai mes branches dessus. Le blé n'éprouva aucun accident , mais les fèves furent rouillées là seulement où j'avois secoué mes branches d'épine.

Autre observation. M. *de Chersigné* avoit, dans la commune de Tailleville, un superbe espalier de poiriers. A 8 ou 10 toises delà étoient des pins maritimes. Les poiriers ont continué à être très-vigoureux tant que ces pins n'ont point été infectés de l'*œcidium pini;* mais depuis le moment où il en a paru, les poiriers ont été attaqués par l'*œcidium cancellatum,* et ils sont morts en peu d'années. On a voulu les remplacer par d'autres ; mais ils languissent déjà par la même cause.

Les *œcidium* se sont manifestés sur les pins à l'époque où ils ont commencé à fleurir, et les jardiniers et les voisins ont prétendu que la poussière jaune du pin étoit mortelle pour les poiriers.

Il résulteroit par conséquent, si mes observations étoient confirmées, que l'épine - vinette pourroit nuire aux blés par l'*œcidium* qu'elle nourrit sur ses feuilles. Je laisse aux observateurs plus habiles, à examiner une question aussi délicate.

(Extrait des Mémoires lus à la Société d'Agriculture et de Commerce de Caen.)

OBSERVATIONS

Sur l'influence maligne que l'Épine-Vinette exerce sur le blé qui croît dans son voisinage ;

Par M. WITCROF,

Membre de la Société d'Agriculture et de Commerce de Caen.

C'EST une opinion généralement reçue depuis long-temps parmi les gens de la campagne, en France, en Angleterre et en Amérique, que l'épine-vinette a une influence très-nuisible sur le blé qui vient auprès d'elle, et même que cette influence s'étend à une distance considérable du lieu où croit cet arbuste. La plupart des écrivains anglais, et même je crois des écrivains français, ont traité cette opinion de préjugé populaire, ou du moins ils l'ont, en général, jugée peu digne d'attention. Cependant des opinions de cette nature, qui sont répandues parmi des gens inté-ressés à l'agriculture et qui s'occupent constam-ment des objets qui y sont relatifs, deviennent ra-rement générales, parmi eux, sans quelques fon-

demens. J'ai même lu sur ce sujet quelques observations, dans l'*Economie rurale de Norfolk*,
par *Marshall*, et dans les *Annales d'Agriculture*, par *Arthur Young*; mais n'ayant plus ces
deux ouvrages à ma disposition, je ne puis en
citer les passages; je me rappelle seulement qu'ils
sont très en faveur de l'opinion que l'épine-
vinette nuit réellement au blé qui croît auprès
d'elle, et que l'effet de cette influence maligne,
relativement au blé, est de l'altérer et de le faire
noircir.

M. *Morse*, dans sa *Géographie de l'Amérique*, dit que le blé ne vient point dans quel-
ques-uns des Etats de la Nouvelle-Angleterre,
quoique toute autre espèce de grains y réussisse
parfaitement bien; mais que le blé y est constamment sujet à des impressions malignes que
certaines personnes, dit-il, attribuent au voisinage de l'épine-vinette, arbrisseau très commun
dans ces contrées, et qu'on y emploie à former
des haies pour enclore les champs, comme, en
France et en Angleterre, on se sert de l'épine
blanche ou aubépine pour le même objet.

J'étois personnellement bien éloigné d'être par-
tisan de cette opinion. Malgré ce que j'avois lu
ou entendu dire à ce sujet, je la regardois, ainsi
que beaucoup d'autres personnes, comme un pré-

jugé populaire, quoiqu'il n'eût jamais été en mon pouvoir de faire aucune observation qui y fût relative , jusqu'à l'époque où demeurant à Ardennes , près de Caen , je me trouvai avoir une très-belle épine-vinette dans une des haies de l'enclos. Mais comme, pendant les deux premières années de ma régie, le terrain qui avoisinoit cette haie fut semé en sainfoin , je ne pus remarquer l'effet de cette plante sur mon blé qu'en l'année 1799, que je fis labourer et préparer pour semer du blé, une pièce d'environ 2 acres, au nord de laquelle se trouvoit l'épine-vinette. Je fis ensemencer cette pièce avec l'espèce de grain appelée en Normandie *gros blé rouge barbé.* Ma pièce de blé fut extrêmement belle jusqu'à l'époque de la floraison ; mais alors je m'aperçus que la partie vis-à-vis l'épine-vinette avoit une apparence bien différente de celle du reste de la pièce. Les épis pointoient tous la tête en haut , tandis que dans le reste de la pièce ils étoient tous pendans, comme cela arrive quand le grain est bon. Lorsque dans le reste de la pièce les épis commencèrent à mûrir et le grain à grossir , dans la partie vis-à-vis l'épine-vinette , les épis ne renfermèrent point de grain , et noircirent, ainsi que les tuyaux. Enfin, lorsque la moisson fut faite, les épis et la paille de cette partie ne furent bons qu'à faire du fumier. J'évalue à 8 ou 10 perches, et peut-être à un peu plus, la quantité de terrain qui fut ainsi affectée ; et dans le moment je n'en pus mieux comparer la forme qu'à celle de la queue d'une comète. L'extrémité en étoit très-étroite vers l'épine-vinette ; mais elle alloit en s'élargissant considérablement jusqu'à la distance à-peu-près de 100 verges. Je ne doute pas que la partie de ma pièce dans laquelle la récolte manqua, n'eût formé un demi-cercle parfait qui auroit eu pour centre l'épine-vinette, si les vents eussent pu agir plus régulièrement sur cet arbuste ; mais deux haies très-hautes et très-épaisses en empêchoient l'action. Je ne pus attribuer cette partialité dans les opérations de la nature à aucune autre cause qu'à l'influence maligne de l'épine-vinette, la pièce ayant été cultivée exactement de la même manière dans toute son étendue.

L'année suivante (en 1800), j'ensemençai la même pièce en sarrasin ; l'épine-vinette subsistoit : or la récolte fut aussi bonne dans la partie où elle avoit manqué l'année précédente, que dans le reste de la pièce ; ce qui me convainquit que l'influence de cet arbuste n'agissoit pas sur le sarrasin ; mais, de l'autre côté de la haie, *Jean Mouville*, mon voisin, avoit une pièce de blé, dans laquelle, vis-à-vis l'épine-vinette, la récolte manqua, comme elle avoit manqué dans la mienne l'année auparavant, tandis que, dans tout le reste de sa pièce, son grain fut très-beau et les épis bien fournis.

En 1801, j'ensemençai de nouveau ma pièce en *gros blé rouge barbé*, et j'eus soin au printemps de faire entièrement déraciner l'épine-vinette, moins dans l'intention de faire une expérience, qu'avec la certitude de préserver mon grain, dont les observations que j'avois faites les deux années précédentes m'avoient clairement démontré que la perte n'étoit due qu'à cette plante; et cette année mon blé fut aussi beau dans la partie où il avoit manqué deux ans auparavant, que dans le reste de la pièce.

Si je hasardois une hypothèse sur la cause de cette influence maligne, et la manière dont elle se communique, on me traiteroit peut-être de visionnaire.

Je me contenterai donc de penser que la nature a donné à cette plante une atmosphère particulièrement nuisible au blé placé dans son étendue, et que cette atmosphère est entraînée à une distance considérable par les vents. J'aurois supposé que ces effets avoient été produits par la poussière des fleurs de l'épine-vinette, si cet arbrisseau en avoit eu beaucoup; mais dans les deux années que je l'ai observé , il n'en a poussé que très-peu, malgré que son influence maligne se soit fait sentir à une distance d'environ 100 verges. Mais je ne me propose pas d'employer mon temps et celui de mes lecteurs à des dissertations inutiles sur ce sujet. Je n'ai d'autre désir que de rendre mes observations utiles aux cultivateurs, dont les pénibles travaux méritent d'être récompensés par d'abondantes moissons, et d'engager les riches propriétaires qui en ont les moyens , à multiplier leurs expériences sur cette plante, afin qu'il ne leur reste aucun doute sur l'existence ou la non-existence de l'influence maligne qu'on lui attribue sur le blé, et de la réalité de laquelle je me suis pleinement convaincu par mes propres observations.

Nota. Le mémoire ci-dessus a été lu, ainsi que le précédent, dans la séance particulière de la Société d'Agriculture et de Commerce de Caen, du 20 mars 1806.

NOUVEAUX FAITS

Et nouvelles observations concernant l'influence nuisible de l'Épine-Vinette sur les CÉRÉALES ;

Par M. YVART.

ON a vu, par la lecture de notre premier mémoire, avec quelle réserve nous annoncions une vérité qui nous paroissoit cependant bien démontrée, et à la recherche de laquelle nous avions mis tout le zèle et toute l'impartialité nécessaires. On a vu également, par le rapport fait à la Société royale et centrale d'Agriculture, et par les deux mémoires qui le suivent, qu'ainsi que nous l'avions annoncé l'année dernière, l'influence nuisible de l'épine-vinette sur nos principales céréales ne peut plus paroître douteuse aujourd'hui aux personnes qui, comme nous, recherchent la vérité de bonne foi. On a vu encore que cette influence ne peut être attribuée raisonnablement, non plus, d'une manière absolue, d'après les faits rapportés, ni à l'ombrage ni à l'humidité occasionnés par cet arbrisseau.

Il nous reste maintenant à faire connoître quelques faits additionnels, confirmatifs des précédens, dont la continuation de nos recherches nous a procuré la connoissance depuis la communication des premiers, et à les accompagner des nouvelles observations que nos derniers essais nous ont procurées. Ces nouveaux faits et ces nouvelles observations nous paroissent propres à mettre de plus en plus en évidence l'importante vérité que nous désirons bien établir pour l'avantage de nos campagnes, et qui résultera nécessairement du rapprochement et du résumé de tous les faits principaux consignés dans notre travail.

Non contens d'avoir renouvelé et modifié, de plusieurs manières, nos premières expériences, après avoir invité les amis de l'agriculture à les répéter contradictoirement avec nous, nous avons recherché, avec l'ardeur et la franchise que nous inspiroient l'amour de la vérité et le désir de perfectionner la science agricole, tous les faits qui pouvoient confirmer ou infirmer l'opinion que nous avions émise, et nous avons été assez heureux pour en découvrir un assez grand nombre. Nous devons les exposer successivement ici, ainsi que nos essais et les conséquences qui nous semblent en résulter.

Nous commencerons par l'énoncé de nos recherches infructueuses, et des faits négatifs qui sont parvenus à notre connoissance, afin de ne rien omettre d'important sur ce point.

Ayant été informés que feu M. *Descemet,*

ancien médecin de la Faculté de Paris, avoit rédigé un mémoire sur l'objet qui nous occupoit, nous nous sommes adressés à son neveu, M. *Descemet*, pépiniériste distingué à St-Denis, pour obtenir ce mémoire; et les renseignemens que nous avons reçus de ce cultivateur, n'ont pu nous faire découvrir ni le manuscrit, qui ne paroît pas avoir été imprimé, ni son contenu, que nous ignorons entièrement.

Désirant connoître également les observations qui auroient pu être recueillies sur cet objet, sur quelques points du département de la Côte-d'Or, où notre arbrisseau paroît être assez multiplié, nous avons invité M. le préfet de ce département à vouloir bien nous transmettre les informations qu'il auroit, ou qu'il pourroit se procurer à cet égard; et nous n'avons pu obtenir encore celles qu'il a eu depuis long-temps la bonté de nous promettre. Nous attendons aussi celles que M. *Bottin*, ancien secrétaire général de la préfecture du département du Nord, a bien voulu demander pour nous à Bar, sa patrie, dans les environs de laquelle l'épine-vinette paroît être assez multipliée.

Nous devons aussi avouer, avec franchise, qu'un assez grand nombre de personnes, dont nous estimons autant le savoir que le caractère moral, conservent encore des doutes sur la réalité de l'existence du mal que nous croyons de notre devoir de faire connoître, retenues sans doute dans leur opinion par la crainte louable d'ajouter foi trop légèrement à un fait non encore suffisamment expliqué.

Nous devons également déclarer que quelques autres personnes, non moins instruites et non moins respectables à nos yeux que les premières, nous ont assuré que des grains de mars ne leur avoient pas paru endommagés par le voisinage de l'épine-vinette; et, en admettant ce fait comme positif, nous devons faire observer, ainsi que les faits qui vont suivre semblent nous y autoriser : 1°. que les grains de printemps sont beaucoup moins sujets à la rouille que ceux d'automne; 2°. que l'épine-vinette, jeune encore, ou peu développée, et nouvellement transplantée, exerce peu d'influence, et qu'elle n'en exerce même quelquefois aucune, ce qui peut encore tenir à quelque autre cause d'exception, laquelle ne peut, selon nous, détruire les faits bien positifs et bien constatés qui établissent ses dangereux effets dans un grand nombre de nouvelles circonstances que nous devons à présent essayer de faire connoître.

Nous avons été informés depuis peu, de la manière la plus positive, qu'à Ivry-le-Château, près Brie, des plantations d'épine-vinette avoient occasionné, pendant plusieurs années, une *rouille* considérable dans les grains des environs, et qu'on avoit fait cesser le mal, depuis quelques années, en arrachant entièrement ces plantations, comme nous avons vu que cela étoit déjà arrivé à Tribardoux, à Fresnes, à Villeroi, à Ardennes, et comme nous verrons plus loin que cela a également eu lieu sur d'autres points.

Plusieurs cultivateurs très-dignes de foi, de Vitry-sur-Seine, près Paris, nous ont aussi assuré que le danger du voisinage de l'épine-vinette y avoit été tellement reconnu, d'après un grand nombre de faits, qu'un maire de cette industrieuse commune crut devoir ordonner, il y a quelques années, l'extirpation de cet arbrisseau; et un pépiniériste instruit, M. *Jean Crou,* nous a certifié que, dernièrement encore, toutes les touffes qu'il en avoit dans ses pépinières, avoient été arrachées la nuit par les cultivateurs ses voisins, parce qu'ils avoient reconnu l'influence très-nuisible que ces plantations exerçoient sur leurs champs ensemencés en grains (1).

______

(1) Ce fait nous rappelle que M. *Lair* nous a assuré, l'année dernière, que, dans quelques cantons du Calvados, les cultivateurs, qui redoutoient le voisinage de l'épine-vinette pour leurs grains, n'en vouloient pas souffrir non plus dans les champs.

Indépendamment de la nouvelle expérience dont les résultats se trouvent consignés dans le rapport fait à la Société royale d'Agriculture de Paris, par MM. *Vilmorin*, *Sageret* et *Bosc*, voulant essayer, depuis, si *l'œcidie* de l'épine-vinette, dont on y fait mention, et qui étoit très-abondante sur la touffe en expérience, pouvoit être (ainsi que M. *de Mangneville* l'avoit soupçonné, et comme nous verrons plus loin que le chevalier *Banks*, président de la Société royale, à Londres, et le naturaliste *Einhoff*, à Berlin, l'ont également soupçonné) une modification de l'espèce de moisissure qui produit la *rouille*, nous avons essayé des inoculations de ces deux *cryptogames*, d'abord, en coupant des branches d'épine - vinette qui étoient couvertes *d'œcidie*, et en essayant de les fixer sur des tiges de grains exemptes de *rouille*; ensuite, en rapprochant d'un pied d'épine-vinette exempt *d'œcidie*, une touffe de froment couverte de *rouille*, et puis, en transplantant deux touffes; l'une de seigle et l'autre de froment, toutes deux entièrement exemptes de *rouille*, au pied et sous l'influence immédiate d'une touffe d'épine-vinette, fortement attaquée par *l'œcidie*. Nous n'avons pu remarquer aucun effet sensible, dans le premier et le second cas; mais dans le troisième, quoique nous n'ayons pu apercevoir d'ino-culation proprement dite, aux points de contact des feuilles des céréales et de l'épine-vinette, nous avons observé très-clairement que, dans le voisinage de ces points, il se manifesta, dès le septième jour, sur les feuilles de froment et de seigle, une *rouille* qui devint chaque jour plus abondante, et que nous fîmes remarquer à plusieurs personnes, tandis que les autres plantes du carré où ces deux touffes avoient été enlevées avec précaution, continuèrent à être exemptes de cette affection : deux faits bien remarquables, sans doute, sous le rapport de la contagion, et dont nous retrouverons plus loin d'autres exemples non moins concluans.

Désirant aussi varier, autant que les circonstances nous le permettoient, les expériences qui devoient nous éclairer de plus en plus sur la réalité des premiers résultats obtenus, et voulant savoir sur-tout si ces résultats pouvoient être attribués, comme nous l'avions d'abord pensé nous-mêmes, et comme quelques personnes nous paroissoient le soupçonner encore, à l'unique influence de l'ombre et de l'humidité occasionnées par l'épine-vinette, nous avions transplanté, en divers endroits, le 26 octobre dernier, au milieu d'un champ de froment d'un arpent environ, envi-

ronné de bois dans sa totalité au nord, et en
partie seulement à l'est et au midi, plusieurs
touffes d'épine-vinette ; et, dans le même champ,
au milieu duquel se trouvoient déjà, depuis plusieurs années, un poirier et un robinier, nous
avions également transplanté, sur une même
ligne, un cornouiller sanguin, un nerprun, un
lilas et un chèvre-feuille. Malgré toutes les pré-
cautions prises pour que ces arbrisseaux ne souf-
frissent pas de leur transplantation, ils languirent
tous plus ou moins, sur-tout l'épine-vinette, qui
à peine put fleurir, et qui ne poussa que des
feuilles rares et grêles. N'ayant aperçu nulle part
aucune trace de rouille dans ce champ, à l'époque
où les commissaires vinrent visiter l'autre champ
d'expériences, nous leur en fîmes l'aveu, et ils
purent d'ailleurs s'en convaincre, en voyant avec
nous le champ et les dispositions ci-dessus. La
seule chose importante qu'il y avoit alors à remarquer dans cet essai, c'est que le froment qui
entouroit les anciennes plantations du poirier et
du robinier, ainsi que celui qui longeoit le bois
au nord, à l'est et au midi, étoient également
exempts de *rouille* ; preuve certaine que l'ombrage et l'humidité n'avoient pas eu ici d'action
nuisible. Quinze jours après l'examen des commissaires, qui, n'ayant rien aperçu d'interessant

pour notre objet dans ce champ, n'avoient pas cru devoir en parler, nous le visitâmes de nouveau attentivement, sans nous attendre à y rien trouver de remarquable ; et, à notre grand étonnement, nous découvrîmes très - distinctement une assez grande quantité de rouille, qu'une végétation plus avancée avoit développée autour des touffes d'épine-vinette, tandis que nous pûmes à peine en découvrir quelques traces dans le reste du champ, excepté cependant un peu au sud-ouest de la touffe de lilas, vers l'épine-vinette ; mais nous n'en découvrîmes pas la moindre trace tout le long du bois, ni autour des deux arbres anciennement plantés au milieu du champ ; ce qui nous convainquit de plus en plus que l'ombrage et l'humidité ne pouvoient être la cause réelle de celle qui se manifestoit si évidemment dans le voisinage de l'épine-vinette, laquelle n'avoit toujours qu'un petit nombre de feuilles, peu développées, et qui présentoit d'ailleurs autant de rouille, sinon plus, à l'est et au midi, qu'à l'ouest et au nord.

Nous ajouterons à ces faits que la presque totalité des céréales observées par les commissaires, sur les planches qui étoient sous l'influence de la première touffe d'épine-vinette, fut abimée par la rouille, que la paille en devint toute noire, et que les épis furent la plupart dépourvus de grains.

Voici maintenant une autre série de faits, qui nous paroissent venir fortement à l'appui des précédens.

Nous venons de découvrir, dans le quatrième volume des *Mémoires publiés par le Bureau d'agriculture de l'Angleterre* (1), présenté dernièrement à l'Institut par le chevalier *Sinclair*, un mémoire sur la rouille, écrit par le savant président de la Société royale de Londres, le chevalier *Banks*, dans lequel, en donnant une excellente description de cette funeste moisissure, il dit textuellement : 1°. *Depuis long - temps, les cultivateurs ont admis, quoique les botanistes aient eu peine à y croire, que le froment échappe rarement à la rouille dans le voisinage d'un pied d'épine-vinette; 2°. le village de Rollesby, dans le comté de Norfolk, où l'épine - vinette abonde, et où le froment réussit rarement, est connu sous le nom d'opprobre de Rollesby à la rouille.* Il fait ensuite plus loin cette réflexion remarquable: *N'est - il pas extrêmement probable que le fungus parasite de l'épine-vinette et celui du*

---

(1) *Communications to the board of Agriculture*, etc.

*froment ne sont qu'une seule et même espèce,
et que la semence en est transportée de l'é-
pine-vinette sur le froment?*

Nous avons encore découvert, depuis peu,
dans le septième volume de la même collection,
la traduction en anglais d'un mémoire allemand,
rédigé par M. *Windt*, conseiller de la Chambre
des comptes du prince souverain de la Lippe
Schaumberg, qui, ayant été chargé, par sa place,
de la surintendance immédiate de plusieurs grands
domaines du prince, avoit été à portée de recueillir un très-grand nombre de faits, concernant l'influence désastreuse de l'épine-vinette sur
les céréales. Ce mémoire est intitulé : *L'épine-
vinette reconnue par des observations, des
expériences et des témoignages, pour être
l'ennemi des grains d'hiver.* Nous ne pouvons
nous dispenser de faire observer que ce mémoire
a été traduit par le secrétaire même du Bureau
d'agriculture (*Arthur Young*), pour le chevalier
Banks, dont nous venons de rapporter l'opinion;
et nous nous bornerons à donner ici une idée
sommaire des nombreux et principaux faits qu'il
renferme.

1°. L'épine-vinette ayant été plantée près d'E-
vesen, les cultivateurs de cet endroit remarquè-
rent que *la rouille*, qui étoit rare dans leurs

champs auparavant, infestoit constamment leurs grains, chaque année, depuis cette époque.

2°. Un grand jardin, ayant été enclos à Ho-kersau, d'un seul côté, avec l'épine-vinette, le seigle semé de ce côté fut ravagé, chaque année, par la rouille, qui occasionna une perte énorme aux cultivateurs, et qui s'étendit considérablement d'année en année. On remarqua que la plupart des épis attaqués étoient vides, ou n'avoient que des grains retraits. Le mal diminuoit en proportion de l'éloignement de l'épine-vinette, et les portions du champ les plus éloignées étoient intactes. On remarqua encore que, pendant huit ans, ce fléau, qu'on ne connoissoit pas auparavant, augmenta proportionnellement à l'accroissement de l'épine-vinette.

3°. Un champ, consacré à la culture des fèves, ayant été entouré d'épine-vinette, fut ravagé depuis par la rouille. On extirpa la plantation, et le mal disparut.

Nota. Les feuilles de l'épine - vinette se sont couvertes, chaque année, d'æcidie, dans tous les cas précités.

4°. M. *Windt,* se promenant le long d'un champ de seigle attenant à une haie dans laquelle on lui avoit assuré qu'il n'existoit pas d'épine-vinette, s'arrêta tout-à-coup devant un endroit ravagé par la rouille ; et il découvrit, précisément en face de cet endroit, une touffe d'épine-vinette, à laquelle il dut attribuer le mal.

5°. Ce conseiller ayant été frappé, par les faits ci-dessus et par d'autres, des graves inconvéniens résultant du voisinage de l'épine - vinette, fit transplanter avec précaution, au mois d'octobre, huit pieds vigoureux de cet arbrisseau. On en plaça deux auprès d'un champ de seigle, à 40 pieds l'un de l'autre ; un troisième fut mis au milieu d'un champ de froment, et, à 800 pas de distance de ceux-ci, les cinq autres furent placés à 50 pas l'un de l'autre. *Il étoit à peine possible,* dit M. *de Windt, qu'une expérience, faite sur une échelle aussi grande, ne portât pas avec elle la conviction. Étant déjà bien convaincu moi-même de la réalité du mal, je regrettai de détruire tant de bon grain ; mais je m'en consolai par l'espoir que cette perte seroit amplement compensée par l'utile instruction qui en résulteroit. Le 4 juillet, j'observai que le grain avoit déjà commencé à souffrir du dangereux voisinage de l'épine-vinette, et le mal s'étendit progressivement, au point que le grain fut totalement ravagé sous le vent, près de l'arbrisseau, tandis qu'il étoit sain par-tout ailleurs.*

6°. La même année on remarqua , dans un champ voisin de cette expérience , une abondance considérable de *rouille*, près de plusieurs touffes d'épine-vinette anciennement plantées et très-vigoureuses, tandis que par-tout ailleurs les grains étoient sains et très-beaux.

7°. Le même fait fut aussi observé dans un autre champ, où le mal fut même plus frappant encore.

8°. M. *Windt* désirant enfin ajouter une nouvelle preuve à toutes les précédentes , fit faire plusieurs caisses en bois , dans lesquelles il transplanta avec précaution du seigle d'un champ , de manière à pouvoir les placer où il le jugeroit convenable. Il plaça une de ces caisses près d'une touffe d'épine-vinette ; il en mit une autre à cent pas , et une troisième à moitié de cette distance , de l'autre côté de la touffe d'épine-vinette. En très - peu de jours le seigle des caisses étoit déjà couvert de rouille , tandis qu'on en remarquoit à peine dans le champ d'où le seigle avoit été enlevé. *Il paroît d'après des observations faites avec soin*, dit M. *de Windt* , *que l'épine-vinette influe d'une manière très-fâcheuse sur le seigle , même à une très-grande distance.*

9°. Nous apprenons aussi par son mémoire, que le Gouvernement auquel il communiqua ces faits, ayant regardé la réalité de l'influence nuisible de l'épine-vinette comme une vérité malheureusement bien constatée, s'empressa de rendre une ordonnance dont les principales dispositions étoient : 1°. qu'à une époque déterminée, tous les pieds d'épine-vinette seroient arrachés des haies, des jardins, des champs, ou des plantations près des champs ; 2°. que les contrevenans seroient condamnés à une amende ; et 3°. que cette amende seroit au profit des personnes qui feroient les enquêtes et les poursuites nécessaires à cet égard.

L'auteur ajoute que par ce moyen l'épine-vinette fut extirpée du district de Bukebourg, où elle abondoit autrefois, et que s'il y en existe encore quelques touffes non découvertes, elles n'échapperont pas à l'ardeur du zèle des personnes intéressées à leur destruction.

On trouve dans le même mémoire plusieurs autres faits analogues à ceux dont nous avons cru devoir donner un extrait, observés sur divers points de la Prusse, ou d'autres parties de l'Allemagne, en différentes années, et que nous croyons inutile de traduire ici ; mais nous ne pouvons résister au désir de transcrire l'opinion qu'a encore émise à cet égard le célèbre *Thaër*, dans le quatrième volume de ses *Principes raisonnés d'agriculture*, dont la traduction vient de paroître.

Après avoir rappelé les causes de la *rouille*, qui ont été regardées jusqu'à présent comme les plus ordinaires, et avoir exposé son opinion sur cet objet douteux, il ajoute : *ce qui est très-extraordinaire, c'est que l'épine-vinette produit la rouille, ou du moins une maladie très-semblable, autour d'elle et sur une étendue assez grande. Ce fait n'est pas douteux; car un très-grand nombre d'observations faites en divers lieux, sont concordantes sur ce sujet. Mais comment l'épine-vinette produit-elle cet effet? c'est ce qui n'est point encore expliqué d'une manière satisfaisante. Feu mon ami Einhoff a fait ici divers essais pour communiquer l'œcidium à des céréales, en coupant des rameaux d'épine-vinette qui en étoient tout couverts, et en les secouant sur les céréales, ou en les plantant au milieu d'elles ; mais il n'a jamais rempli son but. Ce n'est donc pas la communication de cette poussière, mais réellement la végétation de l'épine-vinette dans le voisinage d'un champ de blé, qui produit cette maladie. On n'a de même point aperçu ce mal lorsqu'on plantoit de jeunes haies de cette épine, mais seulement lorsqu'elles étoient grandies ; et alors il s'augmentoit d'année en année, jusqu'à ce qu'on arrachât les épines-*

vinettes. Dès que ces plantes avoient été re-tranchées du sol, le mal disparoissoit aussitôt.

Ajoutons encore un nouveau et dernier témoignage de cette influence, lequel nous démontrera qu'elle s'est aussi fait ressentir assez fortement dans la Suisse. *J'ai cru m'apercevoir,* dit le savant traducteur de *Thaër,* M. *Crud de Genthod ,* l'un des premiers cultivateurs de l'Helvétie, *que cette fâcheuse influence de l'épine-vinette sur les céréales se faisoit sentir beaucoup plus loin de la plante , dans les places qui étoient situées sous le vent de celle-ci ;* et c'est aussi ce que nous avons constamment remarqué avec d'autres. Il ajoute que *pour déterminer si en effet ce n'est pas par une poussière que le mal se communique , mais par la seule végétation , il seroit bon de couper tout contact entre la plante d'épine et la céréale , par le moyen d'une paroi quelconque, qui ne s'étendît pas au-dessous de la surface du sol.* Nous n'avons pas jusqu'à présent essayé ce moyen, qui nous laisse d'ailleurs quelque doute sur son efficacité.

Conclusion.

Après avoir exposé franchement les divers renseignemens que nous avons pu nous procurer concernant l'influence qu'exerce l'épine-vinette sur les céréales, nous devons essayer d'en déduire quelques principes utiles pour l'économie rurale.

Des faits nombreux que nous avons consignés, et des observations exactes que nous avons rapportées, nous semblent résulter évidemment les conséquences suivantes :

1°. *Le voisinage de l'épine-vinette détermine l'apparition de la rouille sur les céréales.*

Le grand nombre de faits positifs et bien constatés qui sont parvenus à notre connoissance, et nos propres expériences, nous semblent mettre aujourd'hui hors de doute cette vérité, quelque invraisemblable qu'elle ait pu paroître à plusieurs personnes à qui nous l'avons communiquée, et nonobstant quelques faits isolés, insignifians et mal observés peut-être, qui pourroient d'abord paroître la contredire. Ces faits négatifs, peu nombreux, ne peuvent d'ailleurs réellement détruire tous ceux qui sont si positifs ; et ils ne peuvent tendre, tout au plus, qu'à faire présumer que l'épine-vinette n'agit pas offensivement dans tous les cas.

Toutes les causes qui peuvent donner lieu à la formation ou au développement de l'espèce de moisissure désignée sous le nom très-carac-

6 * *

téristique de *rouille*, ne nous paroissent pas encore bien connues, ou bien déterminées et bien prouvées. On a vu que depuis *Pline* jusqu'à nous, on lui en avoit assigné un très-grand nombre, très-différentes ; et nous pourrions encore en rapporter d'autres. Sans vouloir entrer ici dans une discussion inutile sur le plus ou le moins de réalité de chacune de ces causes ; en convenant, comme nous l'avons toujours fait, que la rouille en a souvent d'autres que celle que nous indiquons ici ; et en croyant que l'ombrage et l'humidité la développent fréquemment, comme le font aussi la chaleur, la sécheresse et le froid, lorsqu'ils sont excessifs ou intempestifs, comme peuvent le faire encore tout dérangement notable, brusque surtout, et enfin tout état prononcé de souffrance dans la végétation, nous pensons qu'on ne peut nier raisonnablement que le voisinage de l'épine-vinette n'y concoure aussi, trop souvent et très-puissamment.

2°. *Cette funeste influence ne paroît pas ici devoir être attribuée exclusivement à l'ombrage et à l'humidité occasionnés par cet arbrisseau.*

Quand il seroit démontré que l'influence nuisible de l'épine-vinette est purement physique, purement accidentelle, elle n'en seroit pas moins réelle, ni moins fâcheuse, et elle n'en mériteroit pas moins la plus sérieuse attention; mais les faits décisifs, assez nombreux, que nous avons encore rapportés à cet égard, ne nous permettent pas de croire, comme nous l'avions d'abord supposé avec d'autres, que cette action nuisible soit exclusivement ici, d'une part, le résultat de la privation de l'air et de la lumière, indispensables à la prospérité des céréales, et de l'autre le produit d'une humidité surabondante, puisque nous l'avons vue se manifester au midi, sur des points secs, découverts et très-aérés, et sur-tout auprès de pieds foibles et languissans, garnis de feuilles rares et grêles, tandis qu'elle n'avoit pas lieu, en même temps, auprès d'autres touffes d'arbrisseaux plus épaisses, et dans des circonstances bien moins favorables sous ces rapports.

Ne pouvant l'attribuer non plus, d'après ce que nous avons encore vu, à la floraison de l'épine-vinette, qui avoit aussi été soupçonnée, et ne pouvant encore lui assigner de cause première et directe, qui nous paroisse suffisamment démontrée, nous nous croyons obligés de partager l'opinion que nous devons conserver, jusqu'à ce que de nouveaux faits puissent la modifier, entre la supposition, qui nous paroît être aussi celle de *Thaër* et des commissaires, d'une émanation, non encore bien déterminée, provenant des feuilles acides de l'épine-vinette en pleine végétation, et entre celle de *Banks*, de *Mangneville* et de *Einhof*, laquelle admet la communication de l'æcidie de l'épine-vinette aux céréales.

Dans le doute qu'il nous convient cependant de conserver encore à cet égard, nous devons exposer ici (sans prétendre vouloir la juger en aucune manière, et parce que, dans les cas douteux, il est permis de relater toutes les circonstances tant soit peu probables) une autre supposition que notre confrère M. *Sageret* a bien voulu nous communiquer, d'après sa conviction de la réalité du fait que nous avions avancé, sans pouvoir en découvrir la véritable cause primitive.

En considérant *la rouille* comme l'effet de la végétation d'un champignon parasite, ainsi que *Félix Fontana* nous paroît l'avoir avancé le premier, en 1767, *toutes les plantes de cette famille*, dit *M. Sageret, différant de tous les autres végétaux par leur nature et leur végétation, toutes donnant abondamment à l'analyse de l'azote, que les autres plantes fournissent en bien moindre quantité, n'est-il pas naturel de penser qu'elles en exigent beaucoup pour se développer, et que par conséquent elles doivent végéter plus vigoureusement là où elles* en rencontrent le plus? Or, voici, ce me semble, comment ce cas peut être produit par la présence de l'épine-vinette. L'épine-vinette, pendant sa floraison, exhale une odeur de sperme très-prononcée. Sa poussière fécondante est donc fortement animalisée ; et ce pollen, poussé fortement sur les feuilles des blés voisins, peut bien, non pas y porter le germe de la rouille, s'il n'y existoit pas, mais, s'il s'y rencontre, lui fournir l'aliment qui lui est nécessaire, et contribuer puissamment par-là à la plus grande rapidité de son accroissement et de sa propagation.

On pourroit objecter, ajoute M. Sageret, que c'est là un très-grand effet produit par une très-petite cause ; mais nous avons en agriculture des faits à-peu-près semblables, et qui peuvent servir à confirmer celui-ci. L'influence prodigieuse d'une très petite quantité de plâtre répandue sur les prairies artificielles, sur-tout si cette influence doit être attribuée uniquement à la présence du soufre dans le plâtre, ainsi que quelques personnes l'ont avancé, me paroît au moins aussi étonnante que le seroit celle du pollen de l'épine-vinette sur la rouille ; et si l'on comparoit les produits respectifs du plâtre sur la quantité de fourrage,

et du pollen de l'épine-vinette sur la rouille ,
je ne sais de quel côté pencheroit la balance.

Nous avons pensé que cette conjecture, au moins ingénieuse, méritoit d'être placée ici comme un point lumineux qui pourroit peut-être éclairer les recherches, dans l'obscurité dont s'enveloppe encore la cause première de l'influence que nous signalons.

3°. *L'étendue de cette influence paroît être assez considérable.*

Les faits rapportés par *Marshall,* les observations faites par MM. *Witcrof, Thaër, Crud* et *Windt,* ainsi que les nôtres, nous autorisent encore à penser que cette influence se fait quelquefois sentir à de très-grandes distances du foyer d'où elle part, sur-tout sous le vent dominant lors de son invasion. Voici comment nous concevons qu'elle peut ainsi se propager rapidement et au loin : l'émanation, quelle qu'elle soit, qui part de l'épine-vinette, s'appliquant ordinairement, d'abord, aux plantes les plus voisines, peut s'étendre promptement à toutes celles qui les environnent, par l'effet du vent qui enlève et fixe ailleurs le germe de la rouille. C'est sur-tout de cette manière que le mal que nous cherchons à combattre peut quelquefois devenir terrible pour les récoltes environnantes, lorsque la constitution atmosphé-

rique le favorise, sans qu'on puisse aussi, quelquefois, en soupçonner la véritable cause, comme cela
est probablement arrivé fréquemment ; et c'est
ainsi sur-tout qu'il nous paroît mériter d'attirer
l'attention du Gouvernement et de tous les amis
de l'agriculture, lesquels ignorant le véritable
foyer d'où ce mal provient originairement,
peuvent souvent attribuer, à tort, le fléau qu'ils
aperçoivent, à une toute autre cause que celle
qui nous paroît y concourir, soit directement, soit
indirectement, bien plus souvent qu'on ne le
suppose généralement. Qui sait d'ailleurs si un
vent violent ne peut pas encore quelquefois trans-
porter tout-à-coup à de très-grandes distances,
et disséminer le germe de la rouille, provenant
du voisinage de l'épine — vinette, si loin de sa
source, qu'il devient par-là impossible de la découvrir? Ce fait n'est-il pas aussi très-probable ?

4°. *Elle peut occasionner une très-grande
perte dans les récoltes.*

Non-seulement il est bien constaté que cette
influence nuit plus ou moins au développement
des grains, selon l'époque plus ou moins avancée
à laquelle elle attaque les feuilles, les tiges et les
épis, et selon la rapidité plus ou moins grande
avec laquelle elle se propage ; mais il est encore
bien avéré maintenant, d'après les faits consignés

dans cet essai, qu'elle s'oppose même quelquefois très - puissamment à la formation des germes,
et qu'ainsi elle produit réellement *la coulure*,
ce que nous n'avions pas d'abord soupçonné.
Ajoutons à cela que, d'après les expériences qui
l'ont bien démontré, elle rend aussi la paille très-
malsaine pour les bestiaux, de sorte qu'on ne
peut se dispenser de la considérer comme un des
plus terribles fléaux des moissons les plus précieuses pour la nourriture de l'homme, comme
pour celle de ses principaux animaux domestiques.

5o. *Le moyen certain de la faire cesser
consiste dans l'extirpation de la totalité des
touffes d'épine-vinette qui y donnent lieu.*

Nous avons vu que ce moyen, réellement effi-
cace, et que nous soumettons avec confiance aux
méditations de toutes les personnes qu'il intéresse,
avoit fait cesser par-tout le terrible fléau qui,
nous le répétons, sans avoir pour cause unique de
son invasion l'émanation pernicieuse de l'épine-
vinette, peut incontestablement, d'après les faits
et les observations que nous nous sommes crus
obligés de publier, dans l'intérêt de l'agriculture,
lui devoir son origine dans un très-grand nombre
de cas. Nous ne saurions donc recommander trop
fortement au Gouvernement et à tous les propriétaires ruraux, un moyen aussi simple et aussi fa-

cile de prévenir, dans un grand nombre de cas, le retour d'un mal si redoutable.

P. S. Au moment où nous livrons notre travail à l'impression, nous lisons dans le premier volume qui vient de paroître, pour cette année, de la *Bibliothèque universelle,* l'article suivant, qui ne pouvoit tomber plus à propos entre nos mains, et que nous nous empressons de transcrire littéralement, sans y rien changer; il est la suite d'une excellente *Notice sur la rouille locale des blés ,* tout récemment traduite de l'anglais.

« Chacun a montré des doutes lorsqu'il a été question de l'épine-vinette comme cause de la rouille des blés, dans son voisinage. Cependant dans le comté de Dumfries, c'est une chose parfaitement reconnue que les champs dont les haies sont plantées ou mêlées d'épine-vinette , sont sujets à la rouille des blés et des avoines. Avant qu'on employât cette plante dans les haies, la rouille y étoit inconnue. Peu de temps après que l'épine-vinette fut appliquée aux clôtures, la rouille parut, et elle a continué à exister plus ou moins, selon les années. Il y a un canton où les haies d'épine-vinette furent tondues près de terre, il ne s'y montra pas de rouille cette année-là.

On arracha toutes les épines-vinettes dans deux fermes il y a deux ans. Il n'y eut point de rouille dans ces fermes l'année passée, et il ne s'y en annonce point cette année (1815). Un seul jardin resta enclos de cette plante, et les champs voisins eurent un peu de rouille. On a ôté cette dernière haie d'épine-vinette, et cette année les champs voisins sont exempts de rouille, pour la première fois depuis bien long-temps. Tous ces faits sont bien connus dans les lieux dont je parle.

» En Ayrshire, on convient que la rouille a affecté les champs pendant plusieurs années dans certaines propriétés, et qu'il y en avoit toujours plus ou moins. On extirpa les plantes d'épine-vinette et la rouille disparut. Les économes qui dirigent les propriétés dans ce comté, sont bien convaincus de l'influence de l'épine-vinette. Beaucoup de propriétaires en sont convaincus de même.

» Un grand nombre d'expériences directes ont été faites en diverses parties du royaume et dans d'autres pays pour découvrir jusqu'à quel point l'épine-vinette est la cause de la rouille. On a semé du blé auprès des buissons de cette plante ; et le résultat a toujours été de prouver qu'elle est une cause directe de cette maladie.

» Des observations sans nombre ont établi le

même fait. On a toujours vu la rouille paroître dans le voisinage des haies plantées de cette épine, et on a éprouvé que l'influence de cette plante sur les blés dépendoit de la direction des vents. La rouille locale a toujours disparu lorsqu'on a arraché les haies d'épine-vinette.

» Ceux qui voudroient nier ces faits ne méritent pas qu'on prenne la peine de raisonner avec eux, car ce sont des vérités si bien établies qu'il n'y a plus lieu au moindre doute ; mais on répugne à croire certains phénomènes dont la cause ne semble en aucun rapport avec l'effet. Cependant il ne s'agit pas d'expliquer comment cet effet est produit ; le fait seul que la rouille et l'épine-vinette vont ensemble, devroit suffire. Cette plante n'est pas fort utile dans les haies, et ceux qui, après tant de faits probans, s'obstinent à ne pas l'arracher, doivent être abandonnés à leur opinion et à ses conséquences.

» Je connois un propriétaire qui a été long-temps incrédule et qui a payé cher cette incrédulité, ainsi qu'il l'avoue aujourd'hui en reconnoissant la vérité des faits dont j'ai parlé ci-dessus. Il y a des gens qui prennent le parti de les nier, et de leur opposer les raisonnemens de la théorie. Un homme éclairé et respectable vient de nous adresser ses observations dans ce sens. Comme il connoît le comté d'Ayr, il devoit savoir que l'extirpation a complètement réussi, depuis six ans, à faire disparoître la rouille.

» Si l'on peut concevoir que la tige des plantes du blé rouillé est couverte d'un nombre infini de champignons microscopiques, lesquels se nourrissent de sa substance ; si l'on réfléchit que les semences de ces champignons sont une poudre légère que les vents transportent ; si l'on fait attention enfin que l'épine-vinette porte aussi des champignons parasites, on pourra comprendre comment son influence peut s'étendre. On sait que, dans les circonstances favorables, la semence d'un fungus produit une plante qui, dans l'espace de dix jours, donne sa graine. »

Il ne nous reste plus maintenant qu'à faire des vœux sincères pour qu'en France, comme en Angleterre, en Allemagne, et par-tout ailleurs, l'incrédulité se rende enfin à une masse de faits aussi imposante, et pour que tous les véritables amis des champs veuillent bien seconder nos efforts, en concourant avec nous à répandre parmi les cultivateurs, et à démontrer de plus en plus, par de nouveaux faits, une vérité dont la propagation nous paroît si essentielle à la prospérité agricole.

FIN.